Mathefreunde 4

Herausgegeben von

Edmund Wallis, Leipzig

Erarbeitet von

Kathrin Fiedler, Görlitz

Ursula Kluge, Kühnitzsch

Isabel Miedtke, Zwickau

Jana Scherbaum, Halberstadt

Birgit Schlabitz, Berlin

Edmund Wallis, Leipzig

VOLK UND WISSEN

Inhaltsverzeichnis

Die Aufgaben sind so nummeriert: 1

Hier ist es etwas schwieriger: 1

So erkennst du eine knifflige Aufgabe: 1

So erkennst du Aufgaben, die jeder lösen kann: 1

Auf den blauen Zetteln findest du die Lösungen: 543

Merkkasten: MERKE DIR

Wiederholungskasten: WIEDERHOLE

Lerne mit deinem Lernpartner

Addieren und Subtrahieren

1 Addiere. Kontrolliere die Ergebnisse mit der Umkehraufgabe.

Aufgabe
230 + 50 = 280

Umkehraufgabe
280 − 50 = 230

a)	b)	c)	d)
440 + 50	320 + 150	432 + 340	437 + 7
620 + 80	520 + 180	566 + 240	666 + 24
90 + 190	270 + 460	150 + 555	40 + 188
60 + 580	380 + 540	270 + 375	6 + 198

2 a) Berechne die Summe aus den Zahlen 470 und 86.
b) Addiere das Doppelte von 65 zur Zahl 345.
c) Ein Summand ist die Hälfte von 90. Der andere Summand ist das Doppelte von 225. Berechne die Summe.

3 Subtrahiere. Kontrolliere mit der Umkehraufgabe.

Aufgabe
490 − 70 = 420

Umkehraufgabe
420 + 70 = 490

a)	b)	c)	d)
470 − 40	380 − 140	665 − 240	386 − 6
590 − 90	620 − 140	788 − 380	234 − 14
880 − 380	570 − 290	969 − 560	465 − 58
770 − 550	830 − 460	467 − 240	625 − 75

4 a) Subtrahiere von der Zahl 374 die Zahl 94.
b) Berechne die Differenz aus den Zahlen 689 und 480.
c) Subtrahiere von 650 das Doppelte von 225.

5 Finde immer drei Aufgaben und löse sie.
a) Welche zwei Summanden ergeben die Summe 730?
b) Welche beiden Zahlen kannst du subtrahieren, um die Differenz 230 zu erhalten?

6 Erkläre deinem Lernpartner die Regel zu jeder Zahlenfolge. Schreibe dann die ganze Zahlenfolge auf.
a) 245, 260, 275, …, 380
b) 560, 530, 500, …, 290

1 und 2: Addieren/Subtrahieren; mit der Umkehraufgabe kontrollieren
2, 4 und 5: Aufgaben bilden und lösen 6: Regel finden und erklären; Folge vervollständigen

1 Setze das richtige Zeichen: < = >.

a) 620 + 70 ○ 700
355 + 55 ○ 410
267 + 284 ○ 550

b) 160 − 80 ○ 130
820 − 260 ○ 560
450 − 170 ○ 270

c) 118 − 112 + 37 ○ 42
556 − 130 + 42 ○ 469
632 + 322 − 755 ○ 199

2

a) 457 + 212	b) 263 + 581	c) 348 + 456	d) 576 + 135
e) 245 + 362	f) 467 + 328	g) 644 + 197	h) 279 + 534
i) 174 + 368	j) 296 + 275	k) 327 + 259	l) 284 + 179

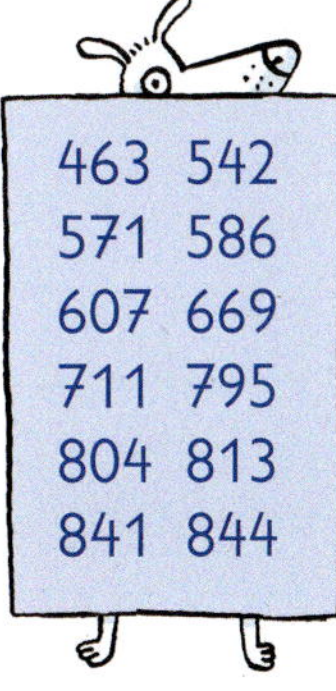

463	542
571	586
607	669
711	795
804	813
841	844

3

a) 645 − 324	b) 708 − 503	c) 593 − 149	d) 556 − 315
e) 423 − 219	f) 925 − 178	g) 647 − 386	h) 463 − 188
i) 918 − 249	j) 746 − 197	k) 876 − 358	l) 943 − 367

204	205
241	261
275	321
444	518
549	576
669	747

4 Entscheide, ob du im Kopf oder schriftlich rechnest.
Überprüfe mit der Umkehraufgabe.

a) 529 + 331
137 + 486

b) 354 − 244
625 + 156

c) 376 + 428
417 − 109

d) 849 − 265
647 − 327

5 Vervollständige.

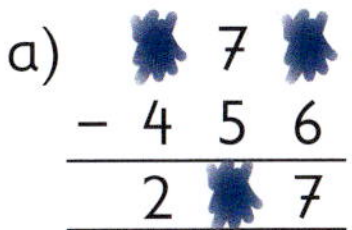

a) _ 7 _
− 4 5 6
= 2 _ 7

b) _ 8 9
− 2 0 _
= 7 8 4

c) 6 5 7
− 2 _ 3
= _ 8 4

d) 9 5 6
− _ 8 _
= 3 _ 9

1: Addieren, Subtrahieren und Vergleichen 2: Schriftliches Addieren
3: Schriftliches Subtrahieren 4: Addieren und Subtrahieren: Kontrolle mit der Umkehraufgabe
5: Vervollständigen der fehlenden Ziffern

Multiplizieren und Dividieren

1 a) 3 · 9, 6 · 5, 4 · 7
b) ☐ · 8 = 56, 7 · ☐ = 49, ☐ · 6 = 48
c) 81 : 9, 18 : 3, 40 : 5
d) 27 : ☐ = 3, 72 : ☐ = 9, 36 : ☐ = 4
e) 49 : 7, 6 · 8, 63 : 9

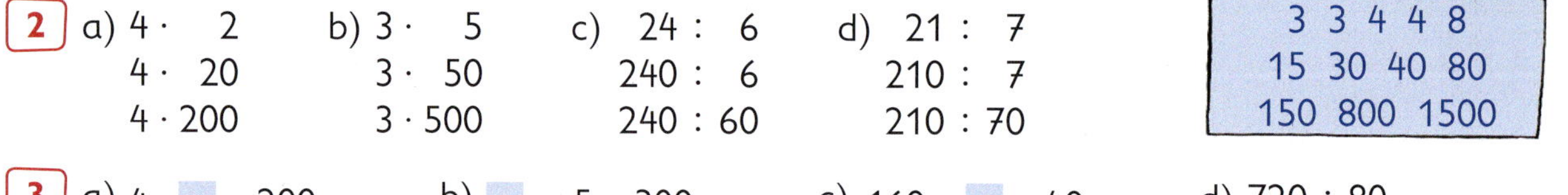

2 a) 4 · 2, 4 · 20, 4 · 200
b) 3 · 5, 3 · 50, 3 · 500
c) 24 : 6, 240 : 6, 240 : 60
d) 21 : 7, 210 : 7, 210 : 70

3 a) 4 · ☐ = 200, 6 · ☐ = 360, 7 · ☐ = 280
b) ☐ · 5 = 300, ☐ · 2 = 180, ☐ · 40 = 320
c) 160 : ☐ = 40, 270 : ☐ = 30, 350 : ☐ = 7
d) 720 : 80, 550 : 50, 490 : 70

4 Berechne das Produkt.
a) Ein Faktor ist 3. Der andere Faktor ist doppelt so groß.
b) Ein Faktor ist die Hälfte von 12.
Der andere Faktor ist das Dreifache von 2.

5 Berechne den Quotienten.
a) Der Dividend ist 56. Der Divisor ist das Doppelte von 4.
b) Der Dividend ist das Dreifache von 10. Der Divisor ist die Hälfte von 4.

6 Am ersten Urlaubstag hat der Bus 360 Urlauber zum Flugplatz gebracht. Wie oft ist er gefahren, wenn 40 Personen im Bus Platz haben und er bei jeder Fahrt voll besetzt war?

7 Das Kindertheater hat 54 Karten zu je 4 €, 47 Karten zu je 5 € und 27 Karten zu je 10 € verkauft. Wie viel Geld muss in der Kasse sein?

1 bis 3: Produkte/Quotienten berechnen; Faktor/Divisor bestimmen
4 und 5: Aufgaben bilden und lösen 6 und 7: Inhalt erfassen; Aufgaben bilden, lösen und antworten

1 Bilde zuerst den Überschlag.
Multipliziere dann.

a)	b)	c)	d)	e)	f)	g)
42 · 5	57 · 8	44 · 4	96 · 4	28 · 6	36 · 9	48 · 7
32 · 6	48 · 5	66 · 6	84 · 7	43 · 9	68 · 3	79 · 6
17 · 8	26 · 7	77 · 7	44 · 6	69 · 4	73 · 7	62 · 5
23 · 7	48 · 4	55 · 5	36 · 8	34 · 8	33 · 8	57 · 4

Ü: 40 · 4 = 160
38 · 4 = ☐
30 · 4 = 120
8 · 4 = 32
120 + 32 = 152
38 · 4 = 152

136 161 168 176 182 192
192 204 210 228 240 264
264 272 275 276 288 310
324 336 384 387 396 456
474 511 539 588

2 Bilde zuerst den Überschlag.
Dividiere dann.

a)	b)	c)	d)	e)	f)	g)
81 : 3	84 : 6	48 : 2	64 : 4	96 : 8	91 : 7	52 : 2
52 : 4	51 : 3	85 : 5	78 : 6	95 : 5	38 : 2	69 : 3
92 : 2	68 : 4	96 : 6	98 : 7	66 : 3	84 : 7	92 : 4
45 : 3	90 : 5	76 : 4	70 : 5	34 : 2	96 : 6	78 : 2

Ü: 80 : 4 = 20
72 : 4 = ☐
40 : 4 = 10
32 : 4 = 8
10 + 8 = 18
72 : 4 = 18

12 12 13 13 13 14 14
14 15 16 16 16 17 17
17 17 18 19 19 19 22
23 23 24 26 27 39 46

3 Finde die Aufgaben, schreibe sie auf und löse sie.

a) Berechne das Produkt aus den Zahlen 28 und 9.

b) Bilde das Achtfache der Zahl 36.

c) Wenn du die gedachte Zahl durch 8 dividierst, erhältst du 12.

d) Berechne das Produkt und den Quotienten der Zahlen 99 und 9.

4 Für die Arbeitsgemeinschaft „Mathefreunde“ wurden Rechenspiele für den Computer gekauft: für das 3. Schuljahr fünf Spiele zu je 23 € und für das 4. Schuljahr zwei Spiele zu je 59 €.

a) Stimmt es, dass für das 4. Schuljahr weniger Geld ausgegeben wurde?

b) Wie viel haben die Spiele insgesamt gekostet?

5 Wie kannst du die Aufgaben 97 · 5, 48 · 5, 63 · 5 und 29 · 5 vorteilhaft rechnen?
Rechne und erkläre.

1 und 2: Multiplizieren und Dividieren mit Überschlag 3: Zahlen berechnen
4: Inhalt erfassen; Aufgaben finden, lösen und antworten 5: Aufgaben vorteilhaft rechnen

Dividieren mit Rest

1 Ein Restposten von 245 Gläsern wird zum Versand verpackt.

a) Wie viele Sechser-Kartons können gefüllt werden?
Wie viele Gläser bleiben übrig?

b) Wenn die Gläser in Achter-Kartons verpackt werden, bleiben dann weniger Gläser übrig?

Rechne und schreibe so:

a) 245 : 6 = ☐ Rest ☐

b) 245 : 8 = ☐ Rest ☐

2 Dividiere.

a)	b)	c)	d)	e)
83 : 3	164 : 8	215 : 50	290 : 30	181 : 60
43 : 7	155 : 4	276 : 90	369 : 60	157 : 20
91 : 5	458 : 9	468 : 50	437 : 70	105 : 30
29 : 2	157 : 7	378 : 40	263 : 80	137 : 40

3R1 3R6 3R15 3R17 3R23 4R15 6R1 6R9 6R17 7R17
9R18 9R18 9R20 14R1 18R1 20R4 22R3 27R2 38R3 50R8

3 Welche der Zahlen 36, 47, 55, 70, 91, 108, 164, 225, 300, 343, 415, 508, 603 sind ohne Rest teilbar:

a) durch 2, b) durch 5, c) durch 10, d) durch 2, 5 und 10?

Tipp:
Auf die letzte Ziffer musst du achten.

4 a) Lisa hat 2 € und 73 ct. Sie möchte 5 Ansichtskarten kaufen. Reicht das Geld dafür?

b) Tom hat 4 Münzen zu je 50 ct, 6 Münzen zu je 20 ct und 5 Münzen zu je 5 ct.
Wie viel Geld hat er noch übrig, wenn er 6 Karten kauft?

5 a) Kannst du 4 € und 67 ct gerecht an drei Kinder verteilen? Begründe.

b) Stimmt es, dass beim gerechten Aufteilen von 27 € und 45 ct an zwei Kinder ein Rest von einem Cent bleibt?
Begründe deine Antwort.

1 und 2: Dividieren mit Rest 3: Ermitteln der ohne Rest teilbaren Zahlen
4: und 5: Inhalt erfassen; Aufgaben finden, lösen und antworten

AH 3 | TÜ 6

Punktrechnung und Strichrechnung in einer Aufgabe

1

23 + 7 · 20
7 · 20 = 140
23 + 140 = 163
23 + 7 · 20 = 163

80 + 560 : 7
560 : 7 = 80
80 + 80 = 160
80 + 560 : 7 = 160

MERKE DIR

Punktrechnung geht vor Strichrechnung!

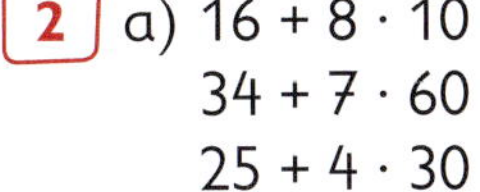

Erkläre deinem Lernpartner, wie Maria und Ben rechnen.

2

a)	b)	c)	d)
16 + 8 · 10	4 · 40 + 23	98 + 2 · 70	3 · 90 + 39
34 + 7 · 60	9 · 20 + 52	64 + 5 · 50	4 · 60 + 66
25 + 4 · 30	5 · 70 + 16	29 + 9 · 70	7 · 40 + 35
63 + 6 · 40	3 · 80 + 77	41 + 6 · 60	2 · 80 + 44

96 145 183
204 232 238
303 306 309
314 315 317
366 401
454 659

3

a)	b)	c)	d)
280 – 5 · 50	6 · 70 – 91	985 – 3 · 80	9 · 90 – 84
185 – 3 · 60	9 · 60 – 44	777 – 4 · 60	2 · 80 – 79
596 – 8 · 70	4 · 90 – 75	498 – 2 · 90	6 · 60 – 45
399 – 2 · 90	7 · 60 – 25	555 – 4 · 25	4 · 40 – 33

5 30 36 81
127 219 285
315 318 329
395 455 496
537 726 745

4

a)	b)	c)	d)
60 : 20 + 97	480 : 6 + 35	77 + 320 : 4	92 + 810 : 90
90 : 30 + 77	450 : 5 + 66	88 + 360 : 6	52 + 630 : 70
180 : 60 + 49	270 : 3 + 66	41 + 280 : 4	28 + 540 : 90
270 : 90 + 47	560 : 8 + 72	83 + 360 : 2	48 + 240 : 60

34 50 52 52
61 80 100
101 111 115
142 148 156
156 157 263

5

a)	b)	c)	d)
270 : 3 – 45	350 : 5 – 35	80 – 240 : 60	500 – 420 : 7
180 : 2 – 37	420 : 6 – 49	96 – 560 : 80	310 – 250 : 5
490 : 7 – 35	210 : 7 – 18	69 – 180 : 30	744 – 810 : 9
240 : 4 – 59	640 : 8 – 45	55 – 270 : 90	666 – 640 : 8

1 12 21 35
35 35 45 52
53 63 76 89
260 440
586 654

1: Rechenwege erklären 2 und 3: Erst multiplizieren, dann addieren/subtrahieren
4 und 5: Erst dividieren, dann addieren/subtrahieren

Aufgaben mit Klammern

  **1**

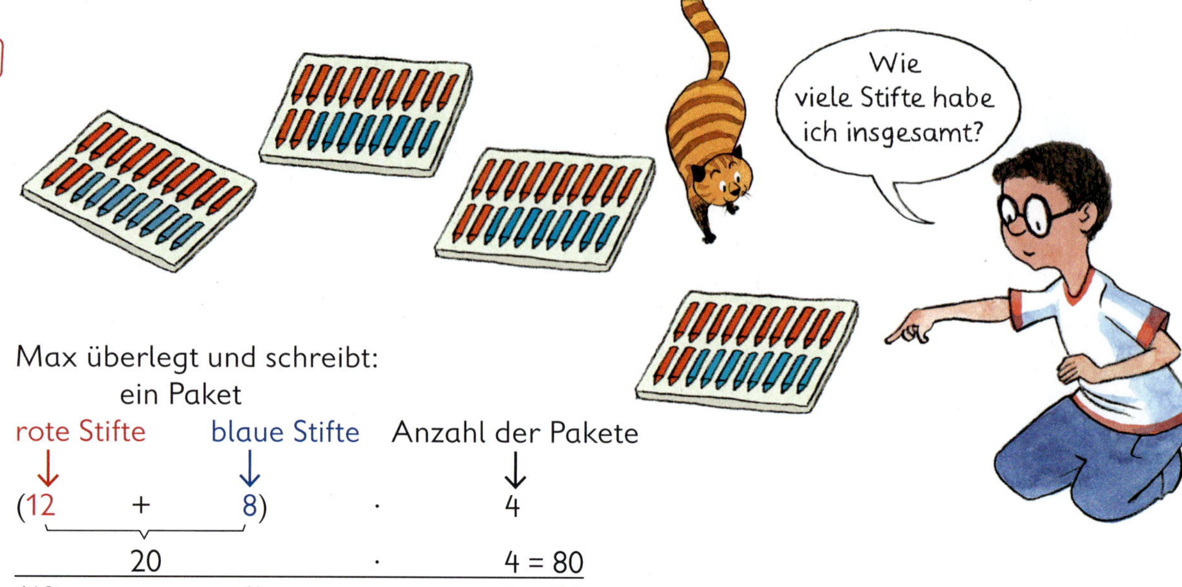

Max überlegt und schreibt:

rote Stifte		blaue Stifte		Anzahl der Pakete
	ein Paket			
(12	+	8)	·	4
	20		·	4 = 80
(12	+	8)	·	4 = 80

a) Erkläre deinem Lernpartner, wie Max gerechnet hat.

b) Was musst du dir merken,
wenn du Aufgaben mit Klammern lösen willst?

2

a) $(5 + 3) \cdot 7$
$(2 + 7) \cdot 5$
$(6 + 4) \cdot 9$
$(3 + 6) \cdot 8$

b) $4 \cdot (30 + 20)$
$6 \cdot (13 + 7)$
$7 \cdot (25 + 15)$
$3 \cdot (25 + 45)$

45 56 72 90 120 200 210 280

3

a) $6 \cdot (16 - 7)$
$9 \cdot (20 - 12)$
$5 \cdot (30 - 24)$
$4 \cdot (90 - 80)$

b) $(46 - 38) \cdot 3$
$(27 - 19) \cdot 7$
$(44 - 38) \cdot 2$
$(40 - 33) \cdot 4$

12 24 28 30 40 54 56 72

4

a) $(12 + 8) : 5$
$(18 + 22) : 8$
$(15 + 25) : 10$
$(37 + 23) : 10$

b) $36 : (18 - 12)$
$49 : (21 - 14)$
$35 : (45 - 40)$
$64 : (24 - 16)$

4 4 5 6 6 7 7 8

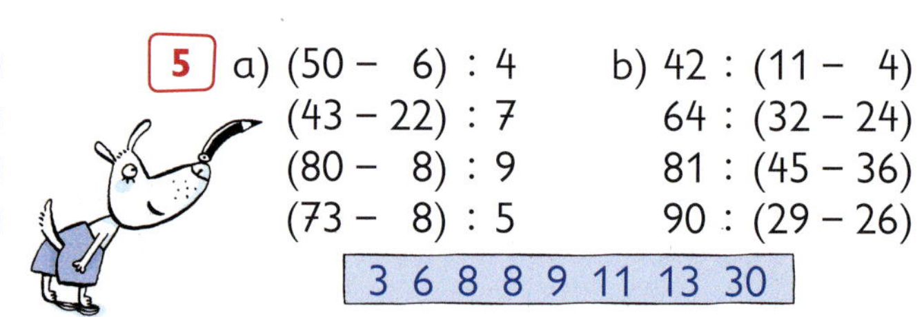

5

a) $(50 - 6) : 4$
$(43 - 22) : 7$
$(80 - 8) : 9$
$(73 - 8) : 5$

b) $42 : (11 - 4)$
$64 : (32 - 24)$
$81 : (45 - 36)$
$90 : (29 - 26)$

3 6 8 8 9 11 13 30

6 Setze das richtige Zeichen: $<$ $=$ $>$.

a) $6 \cdot 8 + 24 \;\bigcirc\; 75$

b) $7 \cdot (10 + 20) \;\bigcirc\; 7 \cdot 10 + 7 \cdot 20$

c) $6 \cdot 3 + 24 \;\bigcirc\; 6 \cdot (3 + 24)$

d) $60 : 10 + 50 \;\bigcirc\; 60 \cdot (10 + 50)$

e) $4 \cdot 9 - 4 \cdot 7 \;\bigcirc\; 4 \cdot (9 - 7)$

f) $150 \cdot (10 - 5) \;\bigcirc\; 150 : 10 - 5$

7 Für den Wandertag sammelt die Lehrerin von jedem der 20 Kinder ihrer Klasse 12 € für die Bahnfahrt, 5 € für das Mittagessen und 6 € für das Erlebnisbad ein.
Wie viel Geld hat sie insgesamt eingesammelt?

1: Rechenweg erklären; Erkennen, dass immer erst die Aufgabe in der Klammer gelöst wird
2 bis 5: Aufgaben mit Klammern lösen 6: Relationszeichen setzen
7: Inhalt erfassen; Klammeraufgabe bilden, lösen und antworten

Addieren – Subtrahieren – Multiplizieren – Dividieren

1 Überschlage zuerst, schreibe dann stellengerecht untereinander und rechne.

a)	b)	c)	d)
523 + 76	984 − 47	432 + 379	97 + 282
718 + 44	482 − 65	794 − 628	88 + 744
632 + 247	337 − 129	219 + 666	450 − 228
254 + 428	426 − 294	935 − 487	382 − 97

132 166 208 222
285 379 417 448
599 682 762 811
832 879 885 937

2 Mathewandzeitung

Wer kann die Aufgaben lösen?

Der Minuend ist 953 und der Subtrahend ist 369. Gesucht ist die Differenz.

Der Subtrahend ist die Zahl 125. Der Minuend ist doppelt so groß. Wie heißt die Differenz?

Bilde die Summe aus den Zahlen 537 und 348.

Berechne die Differenz aus 843 und 297.

Der erste Summand ist die Zahl 463. Der zweite Summand ist um 95 kleiner als der erste Summand. Berechne die Summe.

3 Überschlage zuerst und rechne dann.

a)	b)	c)	d)	e)
26 · 4	5 · 24	92 : 2	392 : 7	555 : 5
64 · 6	7 · 31	55 : 4	127 : 4	569 : 9
88 · 8	9 · 47	98 : 7	197 : 7	438 : 6
72 · 3	4 · 55	98 : 6	175 : 5	219 : 3

13R3 14 16R2 28R1
31R3 35 46 56 63R2
73 73 104 111 120 216
217 220 384 423 704

4 Bilde Aufgaben und löse sie.

a) Die Faktoren sind 27 und 6.
b) Der Divisor ist 9 und der Dividend 45.
c) Berechne den Quotienten aus 666 und 6.
d) Berechne das Produkt aus 7 und dem Vierfachen von 7.

5

a)	b)	c)
3 · 60 − 42	88 : 4 − 17	420 : 7 − 38
5 · 70 + 63	98 : 7 + 86	238 + 6 · 50

d)	e)	f)
(43 + 7) · 3	4 · (19 + 6)	(56 − 12) : 4
(66 − 26) · 5	7 · (20 + 40)	72 : (36 − 28)

MERKE DIR

- Punktrechnung geht vor Strichrechnung.
- Was in der Klammer steht, musst du zuerst berechnen.

1: Addieren und Subtrahieren 2: Aufgaben bilden und lösen
3: Multiplizieren und Dividieren mit und ohne Rest 4: Aufgaben bilden und lösen
5: Aufgaben, auch mit Klammern, lösen

Sachaufgaben – Schrittfolge zum Lösen

So kannst du Sachaufgaben lösen:

Lies den Aufgabentext genau durch.
- Achte auf besondere Wörter.
- Schreibe die Zahlen und Größenangaben heraus.

↓

Finde die Frage.
- Wonach wird gefragt?

oder
- Wonach kannst du fragen?

↓

Bilde eine passende Aufgabe und löse sie.
- Eine Tabelle oder Skizze kann dir dabei helfen.

↓

Antworte mit einem Satz.
- Überlege, ob die Antwort zur Frage passt.

1 Gärtner Wolf lieferte zum Markt 750 Tomatenpflanzen. Davon wurden 675 Pflanzen verkauft.

2 Die Gärtnerin schneidet 70 Nelken ab. Sie will Sträuße mit je 5 Nelken binden.
a) Wie viele Sträuße kann sie binden?
b) Wie viele Sträuße könnte sie mit jeweils 7 Nelken binden?

3 Die Rabatten und das Rosenbeet im Stadtpark werden mit 98 Blumenstauden, 425 roten und 358 gelben Rosensträuchern bepflanzt. Wie viele Rosensträucher werden insgesamt gepflanzt?

4 Das Grundstück der Gärtnerei ist an einer Seite 200 m lang. Diese Seite soll mit Sträuchern im Abstand von 8 m bepflanzt werden.
a) Wie viele solcher Abstände entstehen?
b) Wie viele Sträucher werden benötigt?

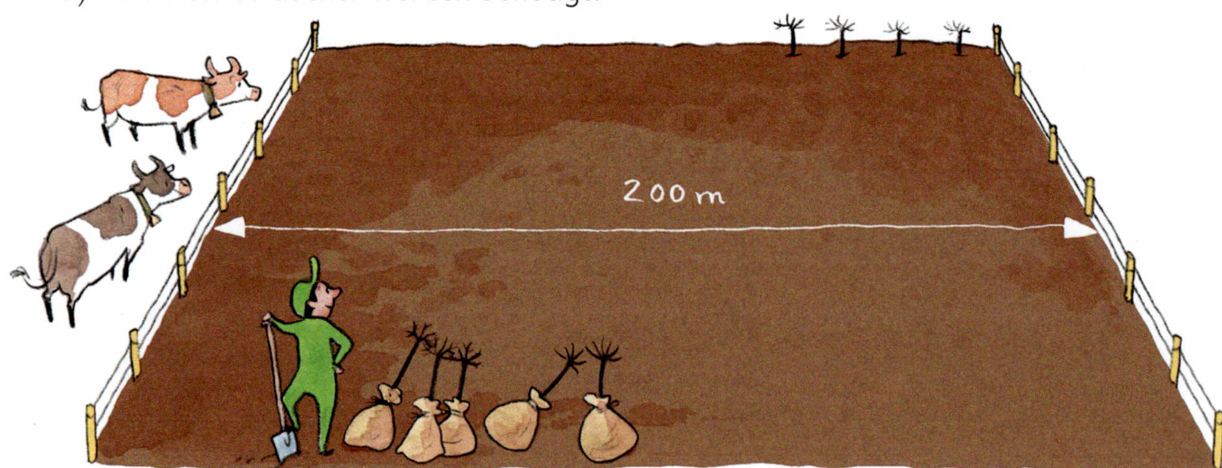

1 bis 4: Inhalt erfassen; Aufgaben nach vorgegebener Schrittfolge lösen
4: Ergebnis zu b) begründen

1 Robert war mit seinem Bruder drei Tage mit dem Motorrad unterwegs. In dieser Zeit haben sie eine Strecke von 987 km zurückgelegt. Am ersten Tag sind sie 274 km gefahren. Am zweiten Tag war die Strecke doppelt so lang.

2 Eine Jugendmannschaft fuhr beim Radtraining drei Runden von je 15 km und fünf Runden von je 25 km Länge.

3 Ein Vierer-Ruderboot ist 12,78 m lang. Ein Zweier-Ruderboot ist 2,88 m kürzer. Ein Achter-Ruderboot ist 6,76 m länger als das Vierer-Ruderboot.

4 Maria war im Trainingslager in Magdeburg. Ihr Zug fuhr in Riesa um 8:15 Uhr los und kam um 10:45 Uhr an.

5 Ben nahm am Schwimmwettkampf in Rostock teil. Der Bus mit den Sportlern fuhr um 6:25 Uhr in Dresden los. Die Reisezeit betrug 5 Stunden und 25 Minuten.

6 Aus Erfurt fahren 56 Kinder zu den Schwimmwettkämpfen nach Rostock. Die Fahrkarte für den Zug kostet pro Kind 30 €. Die Sportlergruppe wird von 4 Erwachsenen begleitet. Für jeden Erwachsenen kostet die Fahrkarte 43 €.

Hier kannst du passende Fragen finden.

- Wie lang sind Einer-Ruderboote?
- Ist Maria länger als 150 min mit dem Zug gefahren?
- Wie viel Kilometer wurden am dritten Tag gefahren?
- Wie lang sind Zweier- und Achter-Boote?
- Wie viel Kilometer ist die Mannschaft insgesamt gefahren?
- Wie viel Euro kosten die Fahrkarten zusammen?
- Wie lange ist Maria mit dem Zug gefahren?
- Wann ist Ben in Rostock angekommen?

1 bis 6: Inhalt erfassen; passende Frage zuordnen; Aufgabe finden, lösen und antworten

Die Zahlen bis 10 000

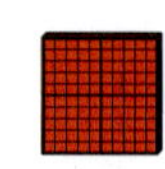
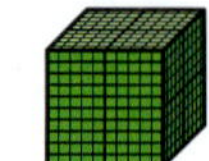

ZT	T	H	Z	E
1	0	0	0	0

10 T = 1 ZT

0 1 000 2 000 3 000 4 000 5 000 6 000 7 000 8 000 9 000 10 000

1 a) Welche Zahlen sind hier dargestellt?

3 T ___ H ___ Z ___ E

3 000 + ___ + ___ + ___ = ___

b) Zeichne eine Stellenwerttafel. Trage die Zahlen ein.

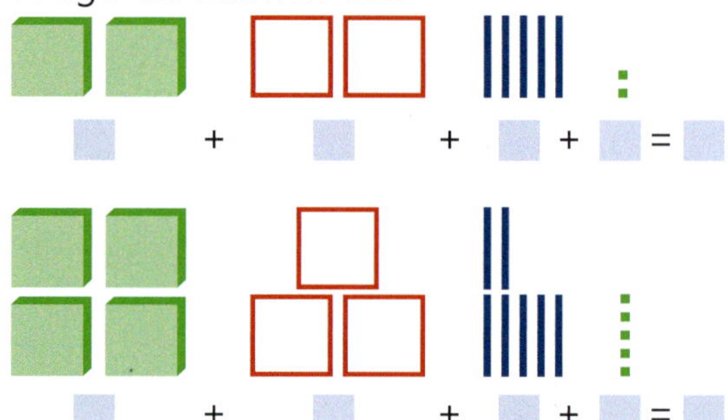

___ + ___ + ___ + ___ = ___

___ + ___ + ___ + ___ = ___

2 Stelle die Zahlen an deinem Zahlenschieber ein. Trage die Zahlen in eine Stellenwerttafel ein. Schreibe das Zahlwort auf.

a) 7 T 4 H 2 Z 1 E
6 T 0 H 2 Z 4 E
6 H 9 T 7 E

b) 7 T 9 H 6 Z 2 E
8 T 0 H 0 Z 6 E
8 Z 5 T 6 E

c) 2 T 8 H 5 Z 1 E
3 T 8 H 0 Z 0 E
7 E 8 H 2 T

3 Lies die Zahlwörter deinem Lernpartner vor. Schreibe zu jedem Zahlwort die Zahl auf.

a) siebentausendzweihundertvierunddreißig, viertausenddreihundertsechsundsiebzig
b) viertausenddreihundertacht, eintausendacht, siebentausenddreiundfünfzig
c) zweitausendneunhundert, sechstausendachtzehn, eintausendfünf

4 Berechne die Summen. Stelle die Zahlen auf dem Zahlenschieber dar.

a) 6 000 + 400 + 20 + 8
4 000 + 100 + 70 + 9
7 000 + 40 + 3

b) 5 000 + 800 + 6
9 000 + 70 + 5
3 000 + 8

5 Schreibe die Zahlen als Summen. Schreibe das Zahlwort dazu.

a) 5 426, 6 308, 2 702
b) 7 025, 8 004, 6 947

1 und 2: Zahlen zur Darstellung finden, auf dem Zahlenschieber darstellen und in die Stellenwerttafel eintragen 3: Zahlwort lesen, Zahl aufschreiben 4: Summe berechnen und mit dem Zahlenschieber darstellen 5: Summe und Zahlwort aufschreiben

1 Welche Zahlen sind am Zahlenstrahl markiert? Schreibe sie auf.

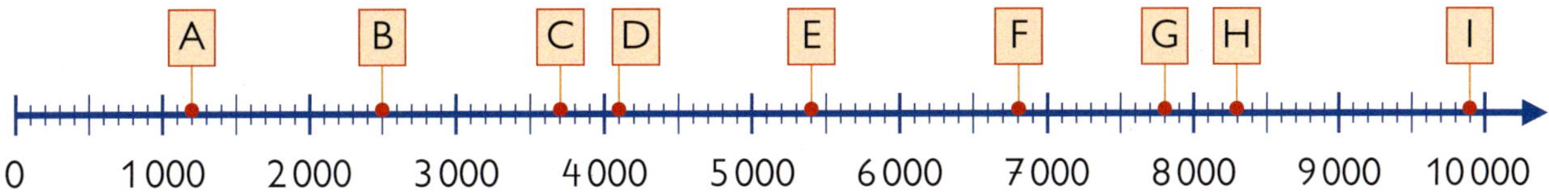

2 Zeichne die Tabelle in dein Heft. Trage die Zahlen ein. Schreibe zu jeder Zahl den Vorgänger und den Nachfolger.
6240, 1500, 9999, 3812, 7600, 2199, 3099, 3270, 8499, 9500

V	Zahl	N
	6240	

3 Zähle vorwärts oder rückwärts.

a) in Tausenderschritten
von 2000 bis 8000
von 9000 bis 3000
von 3500 bis 9500
von 7400 bis 2400

b) in Hunderterschritten
von 5300 bis 5800
von 7200 bis 6800
von 6350 bis 6950
von 4730 bis 4230

c) in Zehnerschritten
von 4520 bis 4590
von 6410 bis 6370
von 3251 bis 3291
von 8277 bis 8217

4 Gib benachbarte Zahlen an. Übertrage die Tabellen in dein Heft.

a)

Nachbartausender		
5000	5263	6000
	7432	
	1020	
	8993	
	9998	

b)

Nachbarhunderter		
4500	4563	4600
	6320	
	9792	
	9908	
	1034	

c)

Nachbarzehner		
6280	6284	6290
	5923	
	9368	
	3804	
	6005	

5 Welche Zahlen sind es?

Meine Zahl liegt zwischen 4000 und 8000.

Meine Zahl ist der vorangegangene Tausender von 4600.

Meine Zahl ist um 10 kleiner als 10000.

Meine Zahl ist der nachfolgende Hunderter von 4878.

Meine Zahl ist um drei Hunderter kleiner als 8630.

Meine Zahl ist um vier Tausender kleiner als 8564.

WIEDERHOLE

1. Schreibe den Vorgänger und den Nachfolger zu den Zahlen auf: 401, 789, 399, 840, 250, 500, 1000.
2. Welche Zahlen liegen zwischen 489 und 493, 596 und 602 , 897 und 904?

1: Zahlen bestimmen 2: Vorgänger und Nachfolger ermitteln und in die Tabelle eintragen
3: In Tausender-, Hunderter- und Zehnerschritten zählen 4. Nachbarzahlen angeben
5: Inhalt erfassen und Zahlen angeben

1 Ordne den Buchstaben Zahlen zu. A = ☐ C = ☐ B = ☐ D = ☐

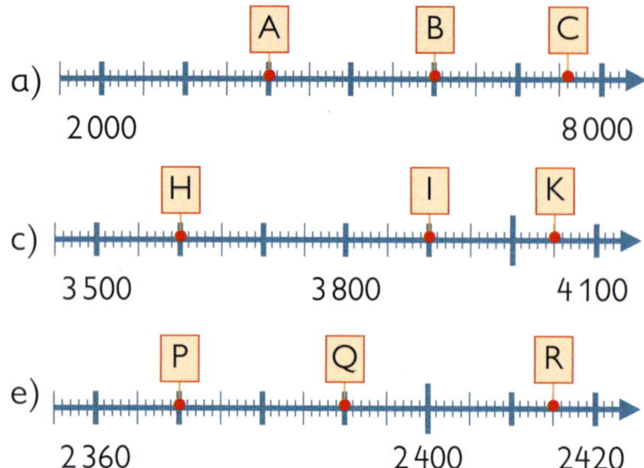

D E F G
b) 6000 8000 10000

L M N O
d) 2700 2900 3100

S T U V
f) 3970 3990 4020

2 Ergänze die Zahlenfolgen.

a) 2498, 2499, …, 2503
b) 7974, 7984, …, 8034
c) 1203, 1202, …, 1197
d) 5827, 5817, …, 5787
e) 3720, 3820, …, 4420
f) 4545, 4530, …, 4470

3 Welche Zahlen liegen zwischen diesen Zahlen?

a) 2939 und 2945
b) 3214 und 3208
c) 6098 und 6104
d) 3092 und 3086
e) 8997 und 9003
f) 7002 und 6997
g) 5998 und 6005
h) 2003 und 1996

4 Ergänze zum nächsten Hunderter.

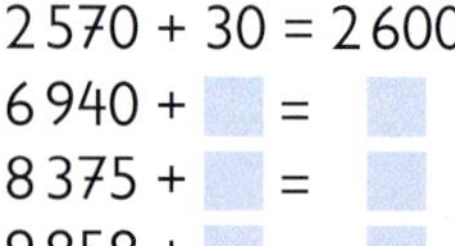

2570 + 30 = 2600
6940 + ☐ = ☐
8375 + ☐ = ☐
9858 + ☐ = ☐

5 Ergänze zum nächsten Tausender.

5300 + 700 = 6000
2600 + ☐ = ☐
8580 + ☐ = ☐
4630 + ☐ = ☐

6 Lege mit den vier Ziffernkärtchen alle möglichen vierstelligen Zahlen. Schreibe sie auf und schreibe das Zahlwort dazu. Unterstreiche die kleinste Zahl rot und die größte Zahl blau.

7 Lisa legt Plättchen in die Stellenwerttafel.

T	H	Z	E
●●●	●●●●	●●	●●●●●

a) Welche Zahl hat sie gelegt?
b) Max schiebt zwei Plättchen an eine andere Stelle, so dass eine kleinere Zahl entsteht. Welche Zahl könnte das sein? Schreibe mindestens drei Möglichkeiten auf.
c) Bei Maria entstehen durch Verschieben zweier Plättchen größere Zahlen. Schreibe mindestens drei mögliche Zahlen auf.

1: Zahlen bestimmen 2: Zahlenfolgen erkennen und fortsetzen 3: Zählend Zahlen ermitteln
4 und 5: Bis zum nächsten Hunderter/Tausender ergänzen 6 und 7: Zahlen finden und verändern

AH 8–9 | **TÜ** 12–13

Vergleichen und Ordnen der Zahlen bis 10 000

1 Beschreibe, wie du Zahlen vergleichst.
Vergleiche die Zahlen und setze die Zeichen < oder >.

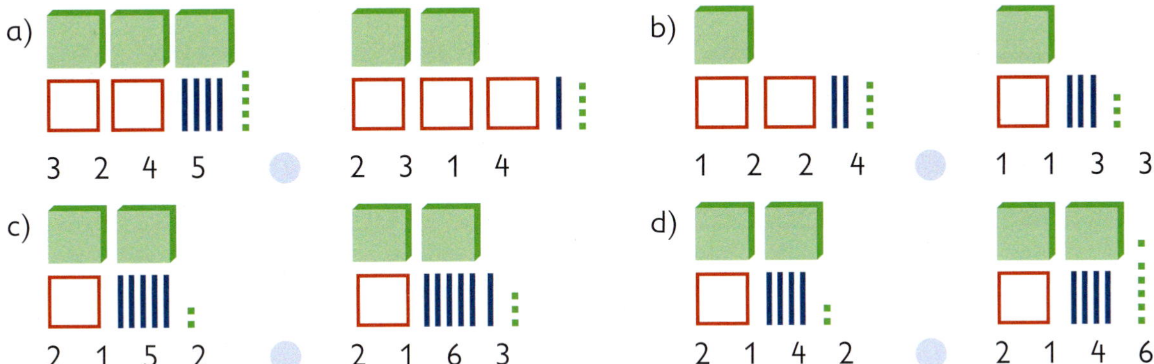

2 Vergleiche die Zahlen und setze die Zeichen < oder >.

a)	b)	c)	d)
6 213 ● 3 541	5 214 ● 2 541	3 104 ● 3 240	9 102 ● 9 106
5 204 ● 6 204	7 717 ● 7 177	6 334 ● 6 433	4 144 ● 6 433
7 410 ● 8 421	2 242 ● 2 442	2 101 ● 2 010	2 050 ● 205
6 201 ● 621	3 956 ● 3 569	9 705 ● 9 750	5 309 ● 5 308

3 Ordne die Zahlen.

a) Beginne mit der größten Zahl.
2 541, 3 654, 2 140, 6 308, 4 599
241, 3 064, 5 477, 3 303, 9 945

b) Beginne mit der kleinsten Zahl.
9 099, 2 130, 5 201, 6 208, 3 210
1 052, 999, 5 210, 6 380, 998

4 Familie Kluge möchte sich einen neuen Computer kaufen.
Hier sind die Preisangebote:

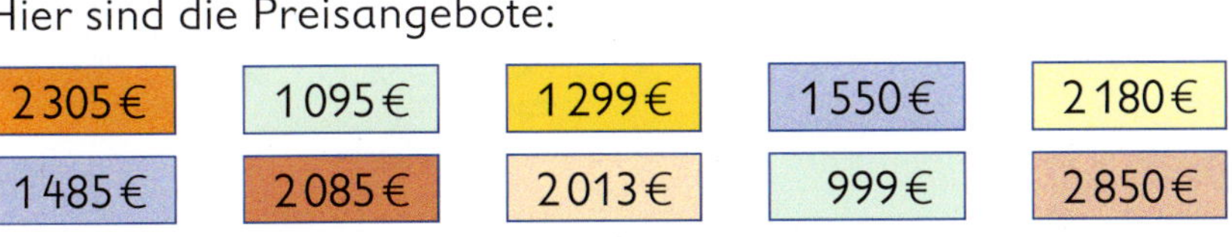

a) Ordne die Preise. Beginne mit dem niedrigsten Preis.
b) Welche Preisangebote liegen zwischen 2 000 € und 1 200 €?

5 Überprüfe, ob Anna die Zahlen richtig nach der Größe geordnet hat.
Sie sollte mit der größten Zahl beginnen. Berichtige.
7 420, 5 783, 5 791, 7 385, 4 380, 4 803, 4 038, 3 241, 3 142, 2 104

6 a) Finde zu der Zahl 5 768 zwei Zahlen, die größer sind und den gleichen Tausender haben.
b) Finde zu der Zahl 7 985 zwei Zahlen, die kleiner sind und die gleichen Tausender und Hunderter haben.

1: Vorgehen beim Vergleichen erklären 2: Zahlen vergleichen und Relationszeichen setzen
3: Zahlen nach Vorschrift ordnen 4: Preise ordnen
5: Fehler finden und Zahlen neu ordnen 6: Zahlen nach Vorgaben finden

Römische Zahlzeichen

Vor etwa 2 000 Jahren benutzten die Römer für Zahlen andere Zahlzeichen als heute. Diese römischen Zahlzeichen werden auch heute noch verwendet.

1 a) Wo hast du schon solche Zahlzeichen gesehen? Erzähle.
b) Wie viele römische Zahlzeichen findest du auf den Fotos?

Merke dir sieben römische Zahlzeichen und ihre Bedeutung:

I	V	X	L	C	D	M
1	5	10	50	100	500	1 000

2

Ordne den römischen Zahlzeichen auf den Uhren unsere Zahlen zu.

Schreibe so:

I = 1 II = ☐ III = ☐ IV = ☐ … XII = ☐

MERKE DIR

Regeln für das Arbeiten mit römischen Zahlzeichen:
- Jedes der Zeichen **I**, **X**, **C** und **M** steht höchstens dreimal hintereinander.
- Steht ein kleineres Zeichen rechts von einem größeren Zeichen, dann wird es addiert: VI = 5 + 1, XIII = 10 + 1 + 1 + 1, CX = 100 + 10, DCC = 500 + 100 + 100, MC = 1 000 + 100.
- Steht ein kleineres Zeichen links von einem größeren Zeichen, dann wird es subtrahiert: IV = 5 − 1, IX = 10 − 1, XC = 100 − 10.

1: Römische Zahlzeichen erkennen, Anzahl bestimmen
2: Zahlen zuordnen

AH 10 | TÜ 15–16

Ordne unsere Zahlen zu.
Beachte die Regeln für das Arbeiten mit römischen Zahlzeichen.

1 a) XXX, XXXII, CCC, MM
b) IV, IX, XC, CD

2 a) XXV, LXX, CCCXXX, CCL
b) CCCLXX, CXII, MCCVII, CCLV

3 Schreibe mit römischen Zahlzeichen.
a) alle Zahlen von 1 bis 20
b) alle Zahlen von 40 bis 50
c) alle Zahlen von 118 bis 125
d) alle Zahlen von 1007 bis 1015

4 Schreibe für die römischen Zahlzeichen auf diesen Bildern unsere Zahlen auf.

5 Ordne die römischen Zahlzeichen. Beginne mit dem kleinsten Zahlzeichen.
a) MC, MIV, MIX, MXI, MIII
b) CCXX, CXX, CXL, CLX, CL
c) MDI, MCD, MIX, MIV, MXC

6 Wahr oder falsch?
a) CDL + LIV = DIV
b) CCL + CXVII = CCCLXXX
c) CIX + DIX = DCXIX
d) CXXI – LI = LXXI
e) MMD – XL = MMCDLX
f) DCLX – CX = DL

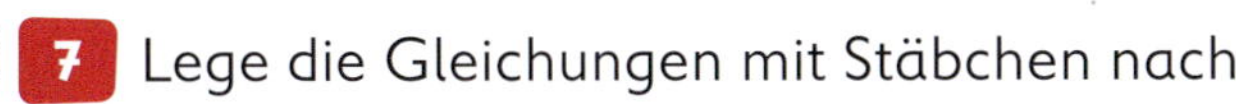

7 Lege die Gleichungen mit Stäbchen nach.
a) XII + V = XIX
Lege zwei Stäbchen so dazu, dass die Gleichung richtig ist.
b) XXXIV – VIII = XXVIII
Nimm zwei Stäbchen so weg, dass die Gleichung richtig ist.

1 und 2: Zahlen zuordnen 3: Zahlen als römische Zahlzeichen angeben 4: Den römischen Zahlzeichen unsere Zahlen zuordnen 5: Römische Zahlzeichen ordnen 6: Wahrheitsgehalt prüfen 7: Fehler in den Gleichungen erkennen und korrigieren

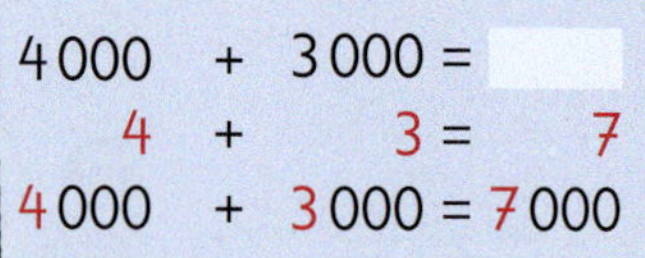

4 000 + 3 000 = ▢
4 + 3 = 7
4 000 + 3 000 = 7 000

8 000 − 5 000 = ▢
8 − 5 = 3
8 000 − 5 000 = 3 000

1 a) 3 000 + 4 000
6 000 + 2 000
4 000 + 5 000
3 000 + 3 000

b) 7 000 + 3 000
1 000 + 8 000
4 000 + 2 000
2 000 + 6 000

c) 6 000 − 3 000
7 000 − 5 000
9 000 − 6 000
4 000 − 1 000

d) 9 000 − 4 000
3 000 − 2 000
5 000 − 3 000
8 000 − 7 000

2 Im Warenlager einer Großmosterei lagern 4 000 Flaschen Saft.
Heute werden noch 6 000 Flaschen angeliefert.

a) Wie viele Flaschen sind es insgesamt?
b) Wie viele Flaschen bleiben übrig, wenn 5 000 Flaschen ausgeliefert werden?

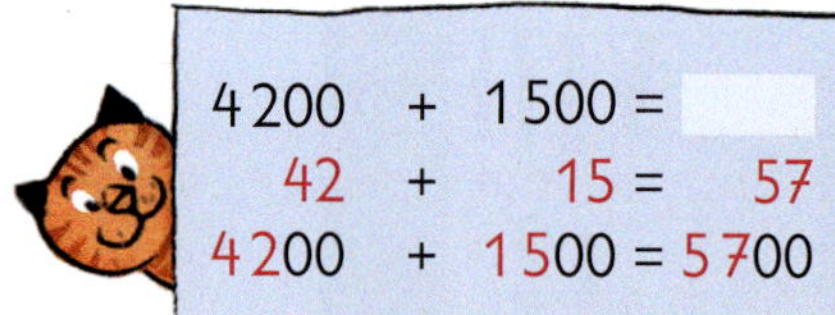

4 200 + 1 500 = ▢
42 + 15 = 57
4 200 + 1 500 = 5 700

Tipp:
Löse zuerst die bekannte Aufgabe.

7 600 − 2 500 = ▢
76 − 25 = 51
7 600 − 2 500 = 5 100

3 a) 3 200 + 1 500
6 100 + 1 900
5 300 + 3 500
4 200 + 4 200

b) 3 900 + 2 600
5 400 + 3 700
7 500 + 1 700
4 700 + 3 600

c) 6 800 − 3 500
7 900 − 2 700
8 100 − 3 100
5 400 − 4 700

d) 9 300 − 2 700
6 500 − 3 800
7 100 − 3 900
8 200 − 4 600

4 a)

800 € + 40 € = ▢ €

b)

1 200 € + 200 € = ▢ €

c)

820 € − 20 € = ▢ €

d)

1 270 € − 1 000 € = ▢ €

5 a) 3 000 € + 6 €
5 000 € + 70 €
4 000 € + 300 €
2 000 € + 5 000 €

b) 4 000 € + 20 €
6 080 € + 80 €
7 040 € + 300 €
5 030 € + 2 000 €

c) 4 000 € + 38 €
3 451 € + 1 000 €
2 000 € + 2 388 €
4 999 € + 5 000 €

1: Addieren und Subtrahieren mit Vielfachen von 1 000 2: Inhalt erfassen; Aufgaben finden, lösen und antworten 3: Addieren und Subtrahieren mit Vielfachen von 100
4 und 5: Addieren und Subtrahieren mit Geld

2 400 + 300 = □
24 + 3 = 27
2 400 + 300 = 2 700

3 700 – 500 = □
37 – 5 = 32
3 700 – 500 = 3 200

1 a) 2 600 + 300
4 200 + 600
3 100 + 700
5 300 + 400

b) 5 300 + 900
2 200 + 800
6 500 + 600
7 800 + 700

c) 7 800 – 500
4 800 – 700
9 500 – 400
8 600 – 500

d) 5 300 – 800
4 500 – 700
6 400 – 600
7 200 – 400

Schreibe die Aufgaben in dein Heft und löse sie.

2 a) b)

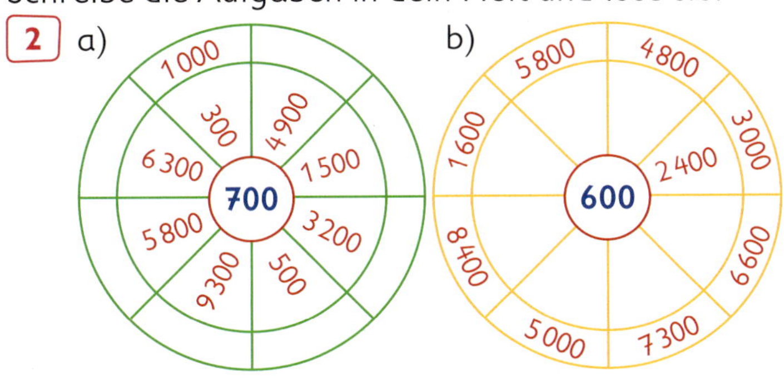

3

10 000
5 500 | □
□ | 2 500 | □
□ | 1 000 | □ | □

4 Wiegt der Einkauf mehr als 4 000 g?

5 a) 1 000 – 1 000
1 000 – 100
1 000 – 10
1 000 – 1

b) 10 000 – 1 000
10 000 – 100
10 000 – 10
10 000 – 1

6 a) 8 000 – 8 000
8 000 – 800
8 000 – 80
8 000 – 8

b) 5 000 – 5 000
5 000 – 500
5 000 – 50
5 000 – 5

7 a) 990 + □ = 1 000
99 + □ = 1 000
9 + □ = 1 000

b) 880 + □ = 1 000
88 + □ = 1 000
8 + □ = 1 000

c) 660 + □ = 1 000
2 660 + □ = 3 000
7 660 + □ = 8 000

d) 330 + □ = 1 000
3 330 + □ = 4 000
6 330 + □ = 7 000

Ergänze zum nächsten Tausender. Schreibe so: 6 678 + 322 = 7 000

8 a) 770
2 770
4 770

b) 550
5 550
8 550

9 a) 482
3 482
6 482

b) 281
1 281
8 281

c) 158
2 158
4 158

d) 777
3 777
7 777

1 bis 3: Addieren und Subtrahieren mit Vielfachen von 100 4: Gesamtmenge berechnen
5 bis 6: Aufgaben lösen 7 bis 9: Zum nächsten Tausender ergänzen

Multiplizieren und Dividieren

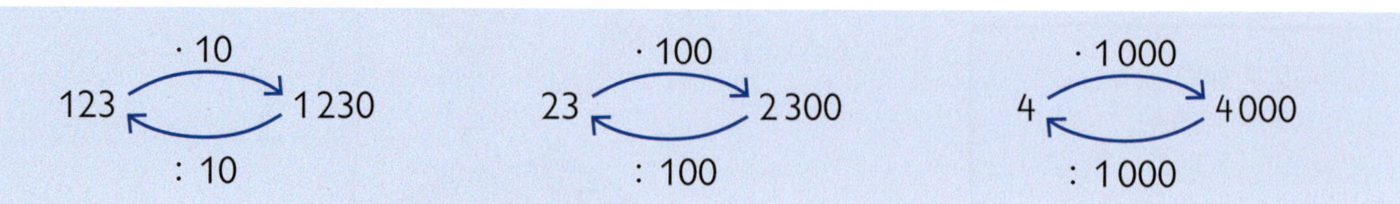

1 Berechne das Zehnfache von 236, 22, 304, 16, 633, 50, 78, 599, 204, 563.

Schreibe so: 123 · 10 = 1 230

2 Berechne das Hundertfache von 23, 4, 36, 97, 50, 31, 73, 69, 70, 89.

Schreibe so: 23 · 100 = 2 300

3 Berechne das Tausendfache von 4, 9, 6, 7, 3, 2, 5, 10, 1, 8.

Schreibe so: 4 · 1 000 = 4 000

Wenn 8 · 3 = 24,
dann ist 8 · 30 = 240 und
8 · 300 = 2 400 und
80 · 30 = 2 400.

Wenn 24 : 4 = 6,
dann ist 2 400 : 4 = 600 und
2 400 : 40 = 60 und
2 400 : 400 = 6.

4 a) 8 · 30, 8 · 300, 80 · 30 b) 9 · 50, 9 · 500, 90 · 50

5 a) 7 200 : 8, 7 200 : 80, 7 200 : 800 b) 6 300 : 7, 6 300 : 70, 6 300 : 700 c) 5 400 : 9, 5 400 : 90, 5 400 : 900

6 Frau Schulz verpackt Bausteine.
Für 4 Kindergärten packt sie 8 Kartons mit je 400 gleichen Steinen.
a) Wie viele Bausteine verpackt sie insgesamt?
b) Wie viele Bausteine erhält jeder Kindergarten, wenn die Steine gleichmäßig auf die Kindergärten aufgeteilt werden?

7

8 Mit Bausteinen soll eine Brücke gebaut werden.
Dazu werden 4 500 Steine benötigt. In jeder Packung befinden sich 500 Steine.

1 bis 3: Multiplizieren mit 10, 100 und 1000 4 und 5: Multiplizieren und Dividieren mit Vielfachen von 10 und 100 6 und 8: Sachverhalt erfassen; Frage finden (Nr. 8); Aufgaben finden, lösen und antworten 7: Rechenrätsel lösen

Übertrage die Tabellen in dein Heft und rechne.

1

·	40	30	70	200
30				
50				
20				
40				

2

:	2	20	200	4	40	400
8 000						
4 000						
2 400						
1 600						

3 a)
4 · 50
3 · 80
400 · 3
50 · 7
700 · 8

b)
900 · 4
9 · 800
20 · 70
70 · 90
7 · 700

4 a)
350 : 70
4 200 : 6
4 200 : 60
8 100 : 900
480 : 80

b)
3 200 : 4
5 400 : 60
3 600 : 600
1 600 : 40
4 500 : 500

5, 6, 6, 9, 9, 40, 70, 90, 200, 240, 350, 700, 800, 1 200, 1 400, 3 600, 4 900, 5 600, 6 300, 7 200

Finde passende Aufgaben.

5 a) 1 800
3 · 600
30 · 60
300 · ▢
2 · ▢
20 · ▢
▢ · ▢

b) 2 400
3 · 800
30 · 80
300 · ▢
4 · 600
▢ · ▢
▢ · ▢

c) 3 600
4 · 900
40 · ▢
400 · ▢
6 · ▢
▢ · ▢
▢ · ▢

6 5 600
7 · 800
70 · 80
▢ · ▢
▢ · ▢
▢ · ▢
▢ · ▢

7 a)
20 · 30 + 3 · 400
2 · 70 + 4 · 200
60 · 50 + 5 · 70
40 · 70 + 4 · 300
3 · 30 + 6 · 500

b)
3 500 : 70 – 4 · 10
4 200 : 6 – 2 · 50
7 200 : 800 – 3 · 2
6 400 : 80 – 7 · 8
8 100 : 90 – 6 · 10

8
▢ : 100 = 37
▢ : 6 = 300
▢ : 1 000 = 10
▢ : 5 = 300
▢ : 30 = 80

3, 10, 24, 30, 600, 940, 1 500, 1 800, 1 800, 2 400, 3 090, 3 350, 3 700, 4 000, 10 000

WIEDERHOLE

1.
3 · 5 + 4 · 2
6 · 3 + 5 · 9
7 · 8 + 3 · 8
4 · 3 + 9 · 6

2.
54 : 6 + 48 : 8
81 : 9 + 36 : 4
72 : 8 + 15 : 3
42 : 7 + 42 : 6

3.
6 · 8 + 3 · 9
7 · 9 – 4 · 5
9 · 8 – 4 · 9
8 · 7 – 5 · 6

4.
6 · 3 – 45 : 5
4 · 7 – 27 : 9
63 : 9 + 7 · 7
48 : 6 + 8 · 5

1 bis 6: Multiplizieren mit Vielfachen von 10 und 100; Dividieren durch Vielfache von 10 und 100
7 und 8: Rechnen mit mehreren Rechenarten in einer Aufgabe

Kilometer – Meter – Zentimeter – Millimeter

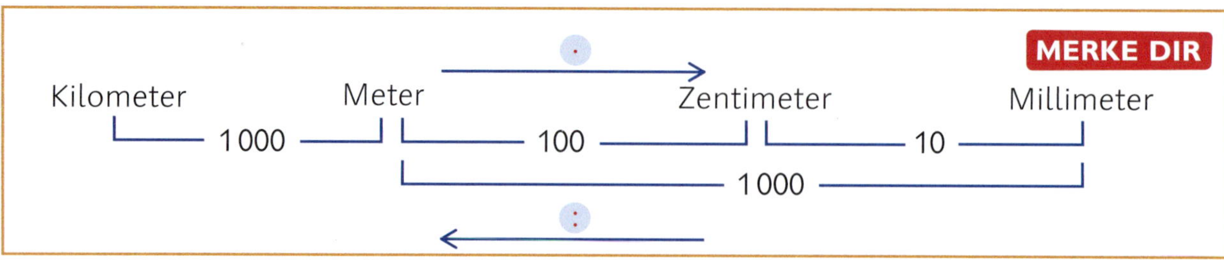

1 Sprecht über diese Übersicht.

2 Welche Einheit würdest du beim Messen verwenden?

a) Dicke eines 1-ct-Stückes
b) Länge des Schulflures
c) Höhe deiner Schulmappe
d) Länge von Flüssen
e) Länge einer Ameise
f) Höhe von Bergen
g) Breite deines Hausaufgabenheftes
h) Entfernung zwischen zwei Städten

3 Wandle in die nächstkleinere Einheit um.

a)	b)	c)
6 cm	8 m	2,700 km
40 cm	40 m	6,3 km
85 cm	65 m	0,5 km
258 cm	98 m	0,030 km
506 cm	100 m	10 km

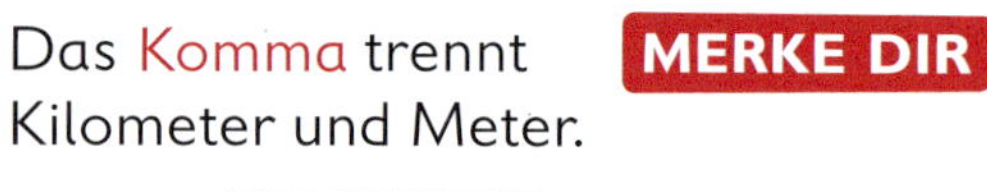

MERKE DIR

Das Komma trennt Kilometer und Meter.

1 400 m

km	m		
1	4	0	0

1,400 km oder 1,4 km

4 Wandle in die nächstgrößere Einheit um.

a)	b)	c)
500 cm	30 mm	3 000 m
8 000 cm	45 mm	10 000 m
2 500 cm	600 mm	8 500 m
10 000 cm	4 mm	200 m
50 cm	2 000 mm	30 m

5 Maria packt für ihre Freundin ein Geburtstagsgeschenk ein. Wie viel Meter Schleifenband muss sie mindestens abschneiden, wenn für die Schleife 20 cm benötigt werden?

1: Umrechnungszahlen und Vorgehensweise beim Umrechnen wiederholen
2: Längeneinheiten zuordnen 3 und 4: Längenangaben umwandeln
5: Inhalt erfassen; Aufgabe bilden, lösen und antworten

1 Ordne folgende Längenangaben der Größe nach.
Beginne mit der kleinsten Längenangabe.

a) 75 m, 705 mm, 7 cm, 0,7 km, 750 m
b) 2 km, 500 cm, 500 m, 5 200 cm, 5 m 20 cm

2 Ordne zu.

- ○ Entfernung zwischen Harz und Ostsee
- ○ Höhe des höchsten Berges der Welt: Mount Everest
- ○ Länge des längsten Flusses der Welt: Nil
- ○ Entfernung Deutschland–Südafrika
- ○ Entfernung Magdeburg–Leipzig

3 a) Wandle um in Zentimeter.

80 mm
530 mm
5 m
$\frac{1}{2}$ m
6 m 30 cm
12 m 5 cm

b) Wandle um in Meter.

400 cm
385 mm
6 000 mm
5 km 600 m
0,3 km
6 m 50 cm

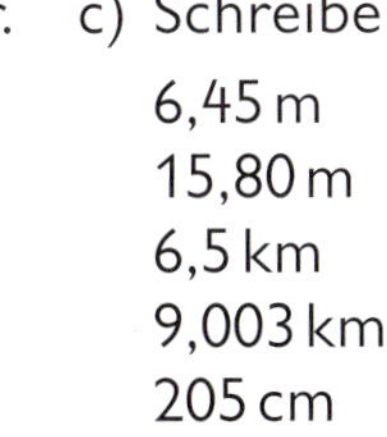

c) Schreibe mit zwei Einheiten.

6,45 m
15,80 m
6,5 km
9,003 km
205 cm
3,8 cm

4 Setze das richtige Zeichen: < = >.

a)
63 cm ○ 63 mm
4000 m ○ 4 km
$\frac{1}{2}$ km ○ 550 m
6 km ○ 779 m
50 mm ○ 42 cm

b)
4,5 cm ○ 45 mm
6 m ○ 600 cm
5,4 km ○ 5,004 km
8 000 m ○ 7,5 km
0,3 km ○ 30 m

c)
1,04 m ○ 14 cm
0,6 km ○ 6 000 cm
8,7 km ○ 8 km 7 m
5 m 7 cm ○ 5,70 cm
0,046 km ○ 46 cm

5 Ben ist zu Besuch bei seiner Tante in Waldheim. Heute möchte er mit dem Fahrrad ins Schwimmbad fahren. Wie viel Kilometer sind es hin und zurück?

1: Längenangaben der Größe nach ordnen 2: Größenvorstellungen entwickeln
3: Größenangaben umwandeln 4: Größenangaben vergleichen
5: Inhalt erfassen; Aufgabe finden, lösen und antworten

Die Zahlen bis 100 000

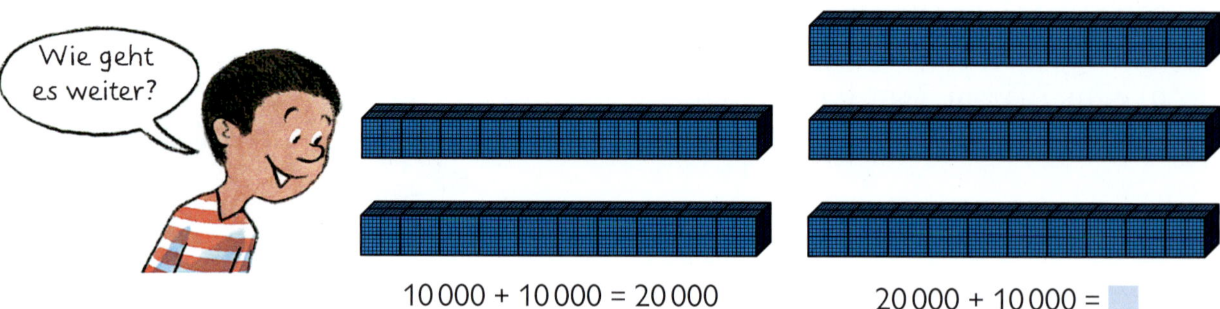

10 000 + 10 000 = 20 000   20 000 + 10 000 = ▢

1 Übertrage die Tabelle in dein Heft und führe sie bis zu 10 Stangen weiter.

Anzahl der Stangen	Anzahl der Würfel
1	10 000
2	10 000 + 10 000 = 20 000
3	20 000 + 10 000 = ▢
4	▢ + 10 000 = ▢
.	.

> 10 Zehntausenderstangen sind 100 000 Würfel. **MERKE DIR**
> Schreibe: 100 000   Sprich: einhunderttausend

2 Zerlege die Zahlen.

Schreibe so: 58 473   50 000 + 8 000 + 400 + 70 + 3
5 ZT + 8 T + ▢ H + ▢ Z + ▢ E

a) 47 294
65 111

b) 78 139
39 333

c) 80 630
40 520

d) 92 047
74 014

e) 50 027
60 012

f) 41 200
63 080

3 Übertrage die Stellenwerttafel in dein Heft und vervollständige sie.

5 ZT 8 T 8 H 7 Z 3 E
8 ZT 0 T 2 H 0 Z 6 E
3 ZT 1 T 0 H 4 Z 2 E
7 ZT 4 T 8 H 5 Z 0 E
4 ZT 0 T 0 H 3 Z 8 E

ZT	T	H	Z	E	Zahl
5	8	8	▢	▢	5 8 8 ▢ ▢
8	0	▢	▢	▢	8 ▢ ▢ ▢ ▢
3	▢	▢	▢	▢	▢ ▢ ▢ ▢ ▢
▢	▢	▢	▢	▢	▢ ▢ ▢ ▢ ▢
▢	▢	▢	▢	▢	▢ ▢ ▢ ▢ ▢

4 Lies die Zahlwörter. Schreibe zu jedem Zahlwort die Zahl auf.

a) vierunddreißigtausenddreihundert
b) dreiundsiebzigtausendsiebenhundert
c) sechsundzwanzigtausendvierundsiebzig
d) achtzigtausendfünf

1: Tabelle bis zur 100 000 vervollständigen 2: Zahlen zerlegen
3: Stellenwerttafel ergänzen 4: Zahlwörter lesen und ihnen jeweils die Zahl zuordnen

AH 14 | **TÜ** 21–22

1 Zähle vorwärts oder rückwärts.

a) in Zehntausenderschritten
von 30 000 bis 80 000
von 60 000 bis 20 000
von 25 000 bis 95 000
von 61 400 bis 21 400

b) in Tausenderschritten
von 53 000 bis 58 000
von 68 000 bis 62 000
von 41 500 bis 47 500
von 87 720 bis 81 720

2 Ordne den Buchstaben die richtigen Zahlen zu.

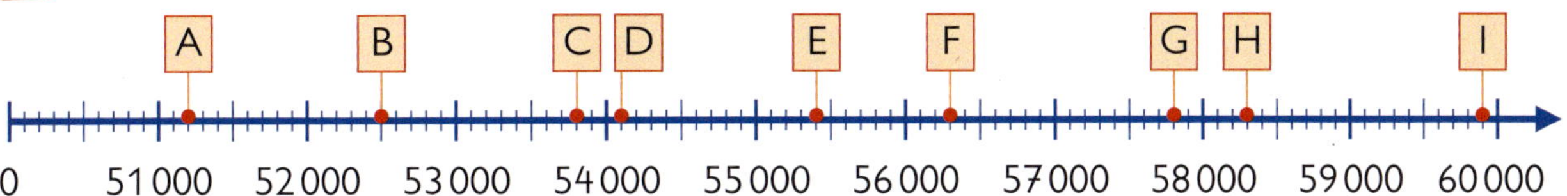

3 Schreibe zu jeder Zahl den Vorgänger und den Nachfolger auf. Fertige dazu eine Tabelle an.

a) 52 164, 45 023, 70 831, 28 530, 88 300
b) 53 010, 61 101, 50 610, 46 000, 70 000

V	Zahl	N
52 163 .	52 164 .	52165 .

4 a) Ergänze zum nächsten Tausender.

43 300 + 700 = 44 000
38 600 + ☐ = ☐
21 520 + ☐ = ☐
15 210 + ☐ = ☐

b) Ergänze zum nächsten Zehntausender.

27 000 + 3000 = 30 000
78 000 + ☐ = ☐
51 000 + ☐ = ☐
84 000 + ☐ = ☐

5 a) Lege mit den Ziffernkärtchen die kleinstmögliche und die größtmögliche fünfstellige Zahl.
b) Lege drei weitere fünfstellige Zahlen.
c) Schreibe zu jeder Zahl das Zahlwort dazu.

6 Zahlen gesucht

a) Es ist die kleinste sechsstellige Zahl, deren Ziffern alle gleich sind.
b) Es ist die größte fünfstellige Zahl, bei der alle Ziffern gleich sind.
c) Es ist die größte sechsstellige Zahl, bei der alle Ziffern verschieden sind und die nicht die Ziffer 0 enthält.
d) Es ist die kleinste fünfstellige Zahl, die nicht die Ziffer 0 enthält.

1: Vorwärts/Rückwärts nach Vorgabe zählen 2: Zahlen den Buchstaben zuordnen
3: Vorgänger/Nachfolger bestimmen 4: Ergänzen zum T/ZT
5 und 6: Zahlen ermitteln und aufschreiben

Die Zahlen bis 1 000 000

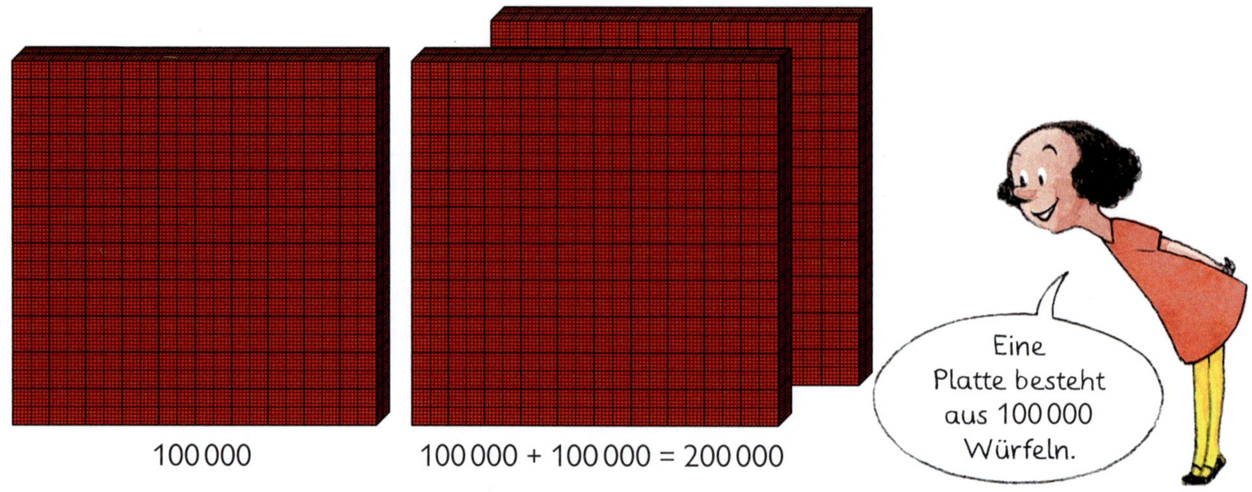

1 Übertrage die Tabelle in dein Heft und führe sie bis zu 10 Platten weiter.

Anzahl der Platten	Anzahl der Würfel
1	100 000
2	100 000 + 100 000 = 200 000
3	200 000 + 100 000 =
4	300 000 +
.	.

> 10 Hunderttausenderplatten sind 1 000 000 Würfel. **MERKE DIR**
> Schreibe: 1 000 000 Sprich: eine Million

2 Zerlege die Zahlen.

Schreibe so: 247 368 200 000 + 40 000 + 7 000 + 300 + 60 + 8
2 HT + 4 ZT + ☐ T + ☐ H + ☐ Z + ☐ E

a) 382 294
92 482

b) 189 747
225 170

c) 560 439
410 903

d) 700 406
600 067

e) 607 403
82 009

3 Übertrage die Stellenwerttafel in dein Heft und vervollständige sie.

7 HT 6 ZT 2 T 4 H 1 Z 5 E
5 HT 3 ZT 1 T 4 H 6 Z 7 E
8 HT 1 ZT 0 T 7 H 0 Z 2 E
2 HT 0 ZT 6 T 0 H 0 Z 3 E
9 HT 0 ZT 0 T 6 H 3 Z 0 E

HT	ZT	T	H	Z	E	Zahl
7	6	2				7 6 2
5	3					5 3
8						8

1: Anzahl der Würfel bestimmen 2: Zahlen zerlegen in HT, ZT, T, H, Z und E
3: Stellenwerttafel ergänzen

1 Lies die Zahlen deinem Lernpartner vor.
Schreibe dann zu jedem Zahlwort die Zahl auf.

a) vierhundertsiebenunddreißigtausendzweihundertsechsundzwanzig
b) neunhundertsechsundzwanzigtausendvierhundertsiebzehn
c) sechshundertzwanzigtausendvierundfünfzig
d) achthunderttausenddrei

2 Zähle vorwärts und rückwärts.

a) in Zehntausenderschritten
von 520 000 bis 580 000
von 825 000 bis 895 000
von 461 400 bis 411 400

b) in Tausenderschritten
von 642 000 bis 648 000
von 341 500 bis 347 500
von 197 630 bis 191 630

3 Ordne den Buchstaben die richtigen Zahlen zu.

A B C D E F

0 100 000 200 000 300 000 400 000 500 000 600 000 700 000 800 000 900 000 1 000 000

4 Schreibe zu jeder Zahl den Vorgänger und den Nachfolger auf.
Fertige dazu eine Tabelle an.

a) 136 251, 768 411, 519 862, 245 936
b) 342 619, 739 201, 447 299, 630 000

V	Zahl	N
136 250 .	136 251 .	136 252 .

5 Ergänze.

a) zum nächsten Zehntausender
Rechne und schreibe so: 563 000 + 7 000 = 570 000
274 000, 631 000, 815 000, 742 000, 478 000

b) zum nächsten Hunderttausender
Rechne und schreibe so: 680 000 + 20 000 = 700 000
350 000, 720 000, 810 000, 430 000, 620 000

c) zu einer Million
Rechne und schreibe so: 300 000 + 700 000 = 1 000 000
600 000, 400 000, 750 000, 810 000, 590 000

Tipp:
Löse erst die bekannte Aufgabe und übertrage dann das Ergebnis.

WIEDERHOLE

1. 300 + 700, 800 + 200
600 + 400, 400 + 600

2. 460 + 40, 350 + 50
720 + 80, 860 + 40

3. Ergänze zu 1 000:
320, 180, 910, 440

1: Zahlwort lesen und Zahl zuordnen 2: Vor- und rückwärts zählen
3: Zahlen zuordnen 4: Vorgänger/Nachfolger bestimmen
5: Ergänzen zum Zehntausender, zum Hundertausender und zur Million

Vergleichen und Ordnen der Zahlen bis 1 000 000

Dresden
544 000 Einwohner

Erfurt
206 380 Einwohner

Schwerin
96 370 Einwohner

Potsdam
163 668 Einwohner

Magdeburg
233 358 Einwohner

Berlin
3 470 000 Einwohner

1 Ordne die Einwohnerzahlen der Landeshauptstädte. Beginne mit der kleinsten Einwohnerzahl.

2 In Deutschland gibt es 4 Millionenstädte. Welche Städte sind das? Gib ihre Einwohnerzahlen an.

3 a) Erkläre deinem Lernpartner, wie Max und Anna Zahlen vergleichen.

Max: 637 823 und 912 974

6 HT < 9 HT
637 823 < 912 974

Anna: 497 152 und 458 638

4 HT = 4 HT
9 ZT > 5 ZT
497 152 > 458 638

b) Vergleiche die Zahlen. Arbeite so wie Max und Anna.

367 482 und 291 472	658 130 und 649 320	189 600 und 219 950
409 220 und 600 172	735 096 und 761 111	217 090 und 208 347
716 057 und 598 324	647 835 und 643 899	367 528 und 367 479

4 Vergleiche die Zahlen und setze die Zeichen < oder >. Erkläre deinem Lernpartner, wie du vorgehst.

a)	b)	c)
457 367 ◯ 395 672	724 583 ◯ 723 674	513 429 ◯ 513 451
712 446 ◯ 806 890	415 359 ◯ 415 296	309 427 ◯ 307 844
901 904 ◯ 753 645	615 237 ◯ 615 084	200 673 ◯ 200 098
524 761 ◯ 601 810	444 123 ◯ 444 200	189 456 ◯ 189 457

1: Einwohnerzahlen nach Vorschrift ordnen 2: Städtenamen und Einwohnerzahlen angeben
3: Vorgehensweise erklären und danach arbeiten 4: Relationszeichen setzen; Vorgehen erklären

AH 16 | TÜ 24

1 Ordne die Zahlen und du findest die Lösungswörter.

a) Beginne mit der größten Zahl.

32 857	T	40 371	I	81 639	Z	328 870	R
81 936	I	701 345	F	129 798	E	43 071	E

b) Beginne mit der kleinsten Zahl.

190 200	I	39 423	S	109 423	W	309 426	M	706 108	D
414 326	B	320 121	M	53 085	C	60 423	H	414 327	A

2 Familie Krause will ein Haus kaufen. Hier sind die Preisangebote:

Haus 1: 230 500 € Haus 2: 270 000 € Haus 3: 320 000 €
Haus 4: 350 500 € Haus 5: 280 300 € Haus 6: 310 400 €

a) Welches Haus ist am teuersten?
b) Welche Häuser kosten weniger als 300 000 €?
c) Ordne die Preise. Beginne mit dem niedrigsten Preis.

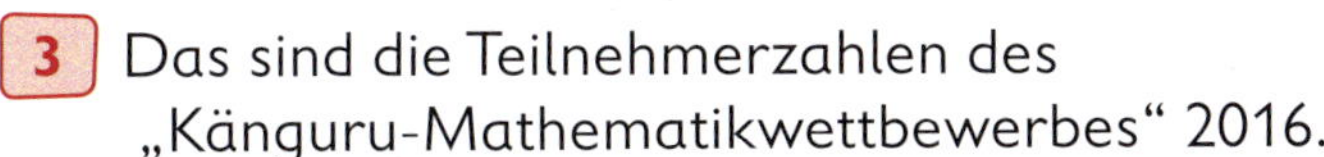

3 Das sind die Teilnehmerzahlen des „Känguru-Mathematikwettbewerbes“ 2016.

Teilnehmer in Deutschland	
Klassenstufe	**Teilnehmer**
3	125 653
4	130 489
5	177 182
6	162 903
7	95 737
8	65 809
9	44 963
10	26 997
11–13	15 315

Teilnehmer aus Europa	
Land	**Teilnehmer**
Österreich	106 500
Tschechien	378 300
Deutschland	845 000
Polen	344 800
Frankreich	329 500
Italien	60 800
Russland	1 576 800
Schweden	110 400
Niederlande	129 800

a) Ordne zuerst die Teilnehmerzahlen der Klassenstufen und dann die Teilnehmerzahlen der Länder. Beginne jeweils mit der kleinsten Zahl.
b) Aus welcher Klassenstufe haben in Deutschland die meisten Kinder an dem Wettbewerb teilgenommen?
c) In welchen Klassenstufen haben weniger als 90 000 Kinder teilgenommen?
d) Aus welchen Ländern haben mehr als 250 000 Kinder teilgenommen?

1: Zahlen nach Vorgabe ordnen und Lösungswörter finden
2: Preise nach Vorgabe ordnen; höchsten Preis bestimmen; Preise unter 300 000 € bestimmen
3: Teilnehmerzahlen ordnen; Fragen beantworten

Näherungswerte – Runden

1 Einwohnerzahlen einiger Orte in Sachsen und Thüringen

a) Lies die Ortsnamen und die Einwohnerzahlen deinem Lernpartner vor.
b) Übertrage die Tabelle in dein Heft und vervollständige sie.

Ort	genaue Einwohnerzahl	ungefähre Einwohnerzahl
Leipzig	560 400	560 000
Weimar	65 390	65 000
Machern	6 630	.
Ilmenau	.	.

2 Suche in Zeitungen und im Internet nach Angaben mit Näherungswerten.
Schneide sie aus und klebe sie in dein Heft.

City-Tunnel in Leipzig: Der City-Tunnel und das gesamte neue Mitteldeutsche S-Bahn-Netz sind ein voller Erfolg. Zählungen zufolge sind täglich etwa 50 000 Menschen unterwegs. 35 000 waren veranschlagt worden.

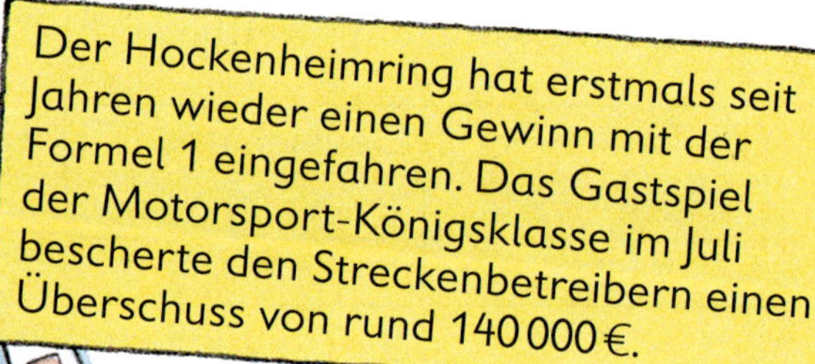
Der Hockenheimring hat erstmals seit Jahren wieder einen Gewinn mit der Formel 1 eingefahren. Das Gastspiel der Motorsport-Königsklasse im Juli bescherte den Streckenbetreibern einen Überschuss von rund 140 000 €.

So werden Zahlen gerundet:

auf Vielfache von 10	auf Vielfache von 100	auf Vielfache von 1 000
Achte auf den Einer.	Achte auf den Zehner.	Achte auf den Hunderter.
362 ≈ 360	16 243 ≈ 16 200	133 371 ≈ 133 000
1 438 ≈ 1 440	8 463 ≈ 8 500	92 754 ≈ 93 000
15 725 ≈ 15 730	123 459 ≈ 123 500	102 593 ≈ 103 000

Rundungsregeln: Bei 0, 1, 2, 3, 4 runden wir ab. Bei 5, 6, 7, 8, 9 runden wir auf.
Sprich: ist angenähert (ist gerundet)
Schreibe: ≈

3 Erkläre, wie du auf Vielfache von 10 000 und auf Vielfache von 100 000 rundest.
124 672, 367 354, 735 267, 259 002, 752 301, 649 883, 94 678, 951 234

1 und 2: Ungefähre Zahlen angeben; danach Rundungsregeln besprechen
3: Rundungsregeln auf Vielfache von Zehntausend und Vielfache von Hunderttausend anwenden

AH 17 | TÜ 25

1 Durchschnittliche Zuschauerzahlen bei Heimspielen in einer Saison

RB Leipzig	28 616	Erzgebirge Aue	9112	Hallescher FC	6357
Rot-Weiß Erfurt	4932	Hansa Rostock	13 639	Chemnitzer FC	7792

Runde die Zuschauerzahlen auf Vielfache von 100 und auf Vielfache von 1 000.

Runde auf Vielfache von 10.

2 a) 36, 412, 5 355 b) 12 328, 4 173, 82 899 c) 261, 41 379, 52 652

3 a) 433 €, 1 678 €, 38 677 € b) 598 €, 5 764 €, 826 € c) 371 kg, 1 679 kg, 465 kg

Runde auf Vielfache von 100.

4 a) 4 326, 16 533, 57 694 b) 74 580, 22 247, 8 734 c) 319, 12 675, 8 204

5 a) 622 €, 1 568 €, 891 € b) 666 €, 8 571 €, 34 292 € c) 1 673 kg, 18 402 kg, 46 993 kg

6 Wie könnten die Zahlen heißen, die Anna, Max, Ben und Tom auf Vielfache von 100 gerundet haben? Finde mindestens 3 Beispiele.

Anna: Meine Zahl habe ich auf 6 500 abgerundet.

Max: Meine Zahl habe ich auf 14 300 aufgerundet.

Ben: Meine Zahl habe ich auf 3 200 aufgerundet.

Tom: Meine Zahl habe ich auf 9 500 abgerundet.

7 Runde auf Vielfache von 1 000.

a) 3 493, 28 679, 336 543 b) 63 954, 8 132, 35 098 c) 7 854 €, 26 403 €, 354 960 €

8 Runde auf Vielfache von 10 000.

a) 38 463, 321 699, 22 943 b) 63 092, 88 300, 699 931

9 Finde Näherungswerte, wo es sinnvoll ist.

In unserer Schule lernen 192 Kinder.

Das Fußballspiel sahen 24 193 Zuschauer.

Das Klassenzimmer ist 980 cm lang.

Meine Freundin wohnt in der Nummer 123.

1 bis 5: Zahlen runden 6: Zahlen finden, die gerundet wurden 7 und 8: Zahlen runden
9: Sinnvolle Näherungswerte finden

Addieren und Subtrahieren

23 000 + 30 000 =
23 + 30 = 53
23 000 + 30 000 = 53 000

Tipp:
Löse die bekannte Aufgabe und übertrage das Ergebnis.

420 000 + 540 000 =
42 + 54 = 96
420 000 + 540 000 = 960 000

1 a) 52 000 + 20 000
17 000 + 80 000
69 000 + 30 000
25 000 + 70 000

b) 77 000 – 40 000
85 000 – 50 000
68 000 – 10 000
99 000 – 80 000

c) 95 000 – 60 000
46 000 + 40 000
67 000 – 30 000
72 000 + 20 000

2 a) 22 000 + 6 000
54 000 + 4 000
65 000 + 5 000
47 000 + 7 000

b) 49 000 – 4 000
66 000 – 6 000
84 000 – 8 000
56 000 – 9 000

c) 91 000 + 8 000
78 000 – 7 000
36 000 + 6 000
83 000 – 4 000

3 Schreibe die Aufgabe auf und löse sie.

Berechne die Summe aus 37 000 und 62 000.

Subtrahiere 7 000 von 84 000.

Addiere 68 000 und 12 000.

Berechne die Differenz aus 93 000 und 8 000.

4 a) 56 000 € + 19 000 €
62 000 € – 34 000 €
47 000 € + 27 000 €
83 000 € – 45 000 €

b) 18 000 kg – 7 000 kg
26 000 kg + 6 000 kg
54 000 kg – 8 000 kg
77 000 kg – 9 000 kg

c) 9 000 m + 44 000 m
55 000 m – 7 000 m
66 000 m + 6 000 m
44 000 m – 8 000 m

5 Herr Schmidt hat 72 000 € auf seinem Konto.
Für 35 000 € kauft er sich ein Auto.
Frau Weber hat 56 000 € gespart.
Sie bezahlt für ihr Auto 19 000 €.
a) Wer hat nach dem Kauf mehr Geld auf dem Konto?
b) Wie viel Euro hat Frau Weber weniger bezahlt?

WIEDERHOLE

1. 58 – 34
23 + 46

2. 85 – 67
54 + 38

3. 69 kg – 56 kg
44 kg – 36 kg

4. 95 € – 77 €
63 € + 29 €

5. 84 km – 65 km
34 km + 57 km

1, 2 und 4: Addieren/Subtrahieren 3: Aufgabe finden und lösen
5: Inhalt erfassen; Aufgabe bilden, lösen und antworten

AH 18 | TÜ 26

1 a)
414021 + 3
414021 + 300
414021 + 30000
414021 + 300000

b)
624758 − 40
624758 − 4000
624758 − 40000
624758 − 400000

2
684 + 24200
1077 + 30000
98 + 60100
5050 + 40400

3 a)
45372 − 372
89645 − 645
58125 − 8125
69048 − 9048

b)
570000 − 420200
700000 − 350000
625085 − 5085
913680 − 13680

4
72300 + ☐ = 72900
88400 + ☐ = 88750
69700 − ☐ = 69100
52900 − ☐ = 52450

5 Wahr oder falsch?

a) Die Summe aus den Zahlen 47600 und 32300 ist größer als 80000.
b) Die Differenz aus 496362 und 6362 ist 49000.
c) Die Summe aus 260000 und 520000 ist kleiner als die Differenz aus 980000 und 210000.
d) Die Summe aus 640000 und 360000 ist 1 Million.
e) Die Differenz aus 790000 und 450000 ist kleiner als die Summe aus 160000 und 180000.

6 a)

+	1212	21212
44000		
58000		

b)

−	345	27000
67345		
54345		

7 Eine Autofirma hat für den Schulhort zum Kauf neuer Spielgeräte 26000 € gespendet. Im Katalog für Spielgeräte werden diese Geräte angeboten:

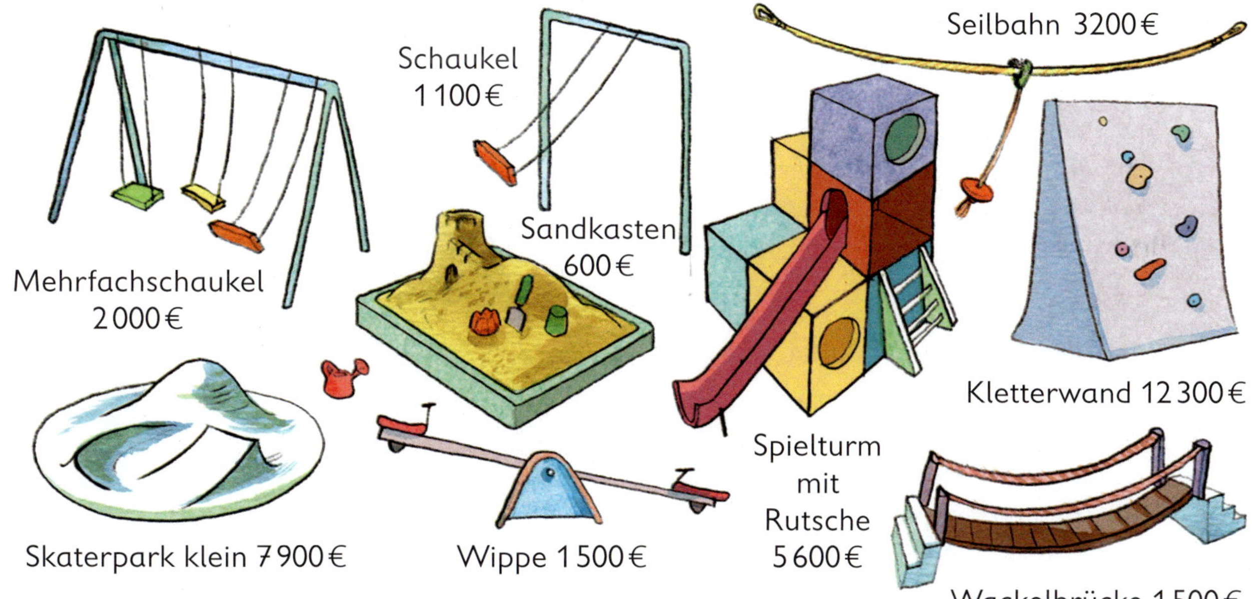

a) Welche Spielgeräte könnten gekauft werden? Gib mindestens drei Möglichkeiten an.
b) Wie viel Geld würde jeweils übrig bleiben?

1 bis 3: Addieren und Subtrahieren 4: Platzhalter belegen
5: Aufgaben bilden, lösen und entscheiden 6: Addieren und Subtrahieren in Tabellen
7: Mehrere Möglichkeiten finden; Kaufpreis und Restgeld berechnen

Addieren mit zwei Summanden

1

Wie viele Menschen leben heute in der Stadt? Rechne und schreibe so:

26 230 + 1 429

	ZT	T	H	Z	E
	2	6	2	3	0
+		1	4	2	9
	▢	▢	▢	▢	9

2 Überschlage zuerst. Rechne dann genau.

a) 35 413 + 13 255
b) 62 316 + 37 521
c) 56 352 + 3 606
d) 42 614 + 384
e) 92 713 + 276

42 998
48 668
59 958
92 989
99 837

3

56 432
\+ 2 477
1
58 909

a) 35 468 + 43 426
b) 27 652 + 41 283
c) 57 948 + 21 264
d) 63 627 + 7 584
e) 2 684 + 53 541
f) 784 + 46 538
g) 259 428 + 31 541
h) 453 774 + 258 417

4 Überschlage erst, schreibe dann stellengerecht untereinander.
Kontrolliere mit der Quersumme der Ergebniszahlen. Sie ist immer 23.

> **MERKE DIR**
> Die Quersumme ist die Summe aus den Ziffern einer Zahl.
> Beispiel: 63 842 → 6 + 3 + 8 + 4 + 2 = 23

a) 29 221 + 142
73 221 + 242
50 344 + 322
75 204 + 941

b) 91 121 + 1 422
44 111 + 1 641
52 141 + 5 302
29 463 + 7 163

c) 52 122 + 32 312
24 123 + 34 301
31 322 + 60 213
27 112 + 42 121

d) 432 104 + 311 112
211 132 + 221 017
121 110 + 306 413
262 402 + 411 730

5 a) Im Erlebnispark wurden die 4 325 m langen Schienen der Kindereisenbahn um 889 m verlängert. Wie lang ist die Strecke jetzt?
b) Ben behauptet, es fehlen nun noch 786 m bis zu einer Strecke von 6 km. Stimmt das?

1 und 2: Addieren; Ergebnis und Überschlag vergleichen
3: Addieren mit Übertrag 4: Addieren; Quersumme zur Kontrolle nutzen
5: Inhalt erfassen; Aufgabe bilden und lösen, antworten

AH 19 | TÜ 27

1

21 345	56 045	36 790	6 821
24 945	7 831	79 018	43 812
36 120	18 358	982	45 720

Wähle dir immer zwei Zahlen aus, deren Summe nicht größer als 80 000 ist.

Schreibe so auf:

21 345 + 45 720 < 80 000

2

a) 13 376 € + 24 920 €
b) 26 974 € + 9 248 €
c) 4 596 € + 12 760 €
d) 245 670 € + 327 789 €
e) 507 483 € + 36 253 €

f) 42 379 km + 23 157 km
g) 66 712 km + 31 479 km
h) 392 457 km + 253 165 km
i) 282 734 km + 69 148 km
k) 56 402 km + 407 839 km

3

a) 2 3 ■ 5 9 2 + ■ 6 4 3 1 ■ = 6 9 5 ■ 0 9
b) 4 ■ 3 9 2 ■ + 2 3 2 ■ 4 7 = ■ 8 6 1 7 5
c) ■ 9 6 ■ ■ 9 + 2 ■ ■ 2 3 8 = 6 1 0 6 2 7
d) 5 2 ■ 4 3 ■ + 4 ■ 3 2 ■ 7 = ■ 9 2 ■ 6 1

4 Welche Kinder haben beim Addieren einen Fehler gemacht? Finde den Fehler. Löse dazu die Aufgaben im Heft.

Tom	Max	Anna	Ben
23 473	294 385	735 943	458 279
+ 9 471	+ 335 694	+ 149 632	+ 321 567
1	1 1 1 1		1 1
118 183	630 079	874 575	789 846

5

a) 3 421 + 1 914
b) 75 260 + 16 359
c) 26 426 + 47 211
d) 5 713 − 3 381
e) 7 052 − 5 831
f) 62 115 − 15 551

g) Warum nennt man diese Ergebniszahlen **Spiegelzahlen**?
h) Erfinde eine **Spiegelzahl**. Schreibe dazu die passende Additions- oder Subtraktionsaufgabe auf.

6 Spielt „Die größte Summe hat gewonnen".

So geht es:      

Jedes Kind legt mit den Ziffernkarten zwei fünfstellige Zahlen. Jede Ziffernkarte darf nur einmal verwendet werden. Addiert beide Zahlen und vergleicht eure Ergebnisse. Gewonnen hat derjenige, dessen Summe der Zahl 100 000 am nächsten ist.

1: Summen bilden, die kleiner als 80 000 sind 2: Größenangaben addieren
3: Fehlende Ziffern finden 4: Fehler finden 5: Begriff erklären; Spiegelzahl und Aufgabe finden
6: Spielen nach Anleitung

Addieren mit mehr als zwei Summanden

Am Wochenende war der Zirkus in der Stadt.
Es kamen am Freitag 665 Besucher zur Vorstellung.
Am Samstag kamen 824 und am Sonntag
543 Besucher.
Wie viele Besucher kamen insgesamt?

Rechne und schreibe so:

Ü: 700 + 800 + 500 = 2 000

	T	H	Z	E
		6	6	5
+		8	2	4
+		5	4	3
	2	1	1	
	2	0	3	2

1 Überschlage zuerst, rechne dann genau.

a) 8 934 + 2 462 + 178
b) 19 538 + 7 643 + 3 562
c) 395 + 28 217 + 6 845
d) 159 + 3 234 + 324

2 Überschlage zuerst. Schreibe dann stellengerecht untereinander und addiere. Achte auf den Übertrag.

a) 4 231 + 154 + 3 213
12 453 + 21 594 + 812
135 + 19 483 + 1 254
83 675 + 278 + 12 345

b) 81 522 + 81 421 + 951
15 004 + 23 999 + 20 184
29 123 + 1 259 + 134
99 787 + 548 + 31 981

7 598 20 872 30 516
34 859 59 187 96 298
132 316 163 894

c) 122 576 + 239 112 + 34 566
239 331 + 90 221 + 88 764
411 923 + 112 199 + 100 299
552 388 + 290 909 + 2 233

d) 455 122 + 290 000 + 9 900 + 333
392 286 + 43 800 + 2 087 + 21 345
31 000 + 3 330 + 122 455 + 90 110
199 + 456 243 + 2 700 + 99

246 895 396 254 418 316 459 241 459 518 624 421 755 355 845 530

3 Familie Kluge hat im Lotto 198 354 € gewonnen.
Sie will sich gern ein Haus bauen. Die Familie hat 92 800 € gespart.

Herr Kluge hat notiert:

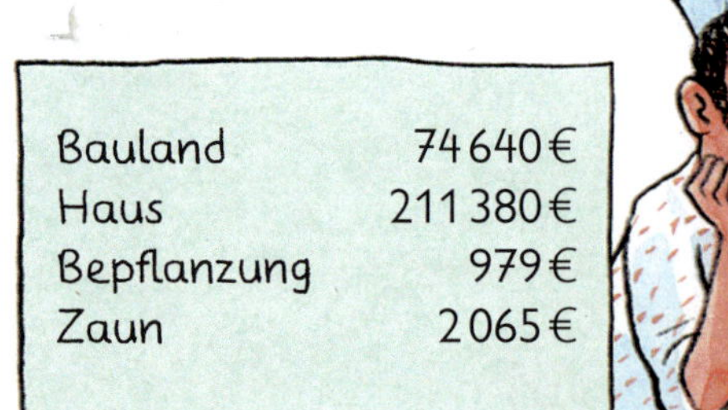

Bauland	74 640 €
Haus	211 380 €
Bepflanzung	979 €
Zaun	2 065 €

Reicht das Geld für den Hausbau?

1 bis 2: Addieren
3: Inhalt erfassen; Aufgaben bilden, lösen und antworten

AH 20 | TÜ 28

Finde die fehlenden Ziffern.

1 a)

```
   5 7 1 4 ✱
+ 2 8 ✱ 3 2
+   ✱ 2 ✱ 3
 ✱ 8 0 9 6
```

b)

```
  2 6 4 3 3
+ 7 ✱ 4 2 ✱
+ 1 4 ✱ ✱ 6
1 1 1 1 1 1
```

c)

```
    9 2 9 3 ✱
+ ✱ 6 ✱ ✱ ✱ 7
+   ✱ 2 5 1 5
  9 8 7 6 5 4
```

2 a) 3 472 km + 948 km + 8 239 km b) 23 109 km + 6 540 km + 874 km c) 938 € + 43 271 € + 8 040 € d) 7 392 m + 885 m + 52 048 m

12 659
30 523
52 249
60 325

3 Addiere. Achte auf die Einheiten.

Rechne und schreibe so:

786 m + 3,250 km + 1 286 m

```
   786 m
  3250 m
+ 1286 m
   1 21
  5322 m
```

Tipp: Nur Größenangaben mit gleichen Einheiten kannst du addieren. Deshalb musst du immer alle Angaben in eine Einheit umwandeln.

a) 2,745 m + 3 478 cm + 983 cm b) 5 497 m + 0,5 km + 1,357 km
c) 60 427 m + 18,923 km + 5 427 m d) 4,482 km + 12 459 m + 89 m
e) 14,75 € + 678 ct + 10 734 ct f) 579 ct + 3,91 € + 54 278 ct

4 Bilde Additionsaufgaben mit drei dieser Zahlen.

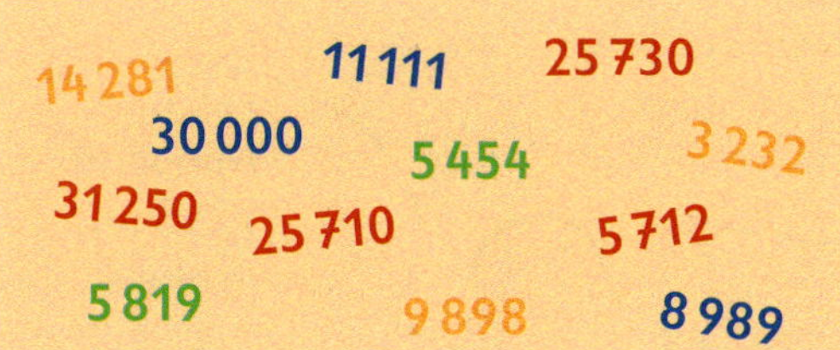

a) Die Summe soll kleiner als 20 000 s[illegible]

b) Die Summe soll größer als 40 000 sein.

c) Die Summe soll größer als 20 000 und kleiner als 40 000 sein.

5 Die Grundschule am Stadtpark hat für den neuen Spielplatz einen Rutschturm für 2 599 €, eine Schaukel für 819 € und ein Spielhaus für 1 899 € bestellt. Wie viel muss die Schule dafür bezahlen?

1: Ziffern finden 2 und 3: Addieren mit Größenangaben 4: Summen bilden
5: Inhalt erfassen; Aufgaben bilden, lösen und antworten

Subtrahieren mit einem Subtrahenden

Das Kinderkino hatte im vergangenen Jahr 82 586 Besucher. In diesem Jahr kamen 1 473 Besucher weniger. Wie viele Kinder kamen in diesem Jahr?

Rechne und schreibe so:

Ü: 83 000 − 1 500 = 81 500

	ZT	T	H	Z	E
	8	2	5	8	6
−		1	4	7	9
			1		
	8	1	1	0	7

1 Überschlage zuerst, rechne dann genau.

a)	b)	c)	d)	e)
2 756	8 439	27 425	46 505	70 624
− 1 328	− 3 284	− 4 717	− 35 738	− 35 847

f)	g)	h)	i)	k)
234 341	555 237	720 810	600 423	806 143
− 127 165	− 327 582	− 35 903	− 43 619	− 957

1 428 5 155 10 767 22 708 34 777 107 176 227 655 556 804 684 907 805 186

2 Überschlage erst. Schreibe dann stellengerecht untereinander und subtrahiere. Kontrolliere mit der Quersumme der Ergebniszahl. Sie ist bei allen Lösungszahlen 17.

a)	b)	c)
94 983 − 21 571	129 799 − 6 347	798 798 − 465 466
438 989 − 423 438	98 879 − 7 647	148 999 − 6 575
799 789 − 713 678	677 869 − 565 631	775 555 − 522 323
98 550 − 2 539	276 979 − 54 176	35 788 − 1 643

3

Subtrahiere von der Zahl 50 000 die Zahl 23 123.

Wie groß ist die Differenz aus den Zahlen 741 147 und 88 888?

Der Minuend ist 34 255 und der Subtrahend 7 766. Wie heißt die Differenz?

WIEDERHOLE

1.	63 − 47	82 − 55	123 − 37	145 − 75	346 − 95
2.	949 − 241	889 − 253	789 − 234	941 − 566	882 − 435

1 und 2: Überschlagen und Subtrahieren
2: Kontrolle mit der Quersumme
3: Gesuchte Zahlen berechnen

AH 21 | TÜ 29

1 Bilde zuerst den Überschlag. Berechne dann die Differenz. Kontrolliere das Ergebnis mit der Quersumme.

a) 8743 − 4588 QS 15
9332 − 1924 QS 19
7898 − 2341 QS 22

Achtung!
QS ist die Abkürzung für das Wort „Quersumme".

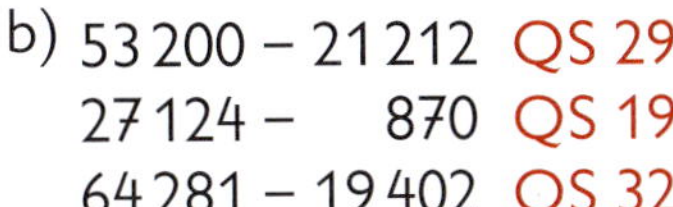

b) 53200 − 21212 QS 29
27124 − 870 QS 19
64281 − 19402 QS 32

c) 267144 − 110584 QS 23
434212 − 1690 QS 18
743132 − 294380 QS 30

2 Ergänze die fehlenden Ziffern.

a)
```
  8 4 2 ✱ 5
−   ✱ 6 7 ✱
  8 1 ✱ 6 1
```

b)
```
  5 3 1 9 4
− 1 ✱ ✱ 3 ✱
  3 9 1 5 8
```

c)
```
  9 ✱ 7 ✱ 5
−   1 ✱ 3 ✱
  9 7 5 3 1
```

d)
```
  8 9 ✱ 7 ✱
− 1 ✱ 2 8 9
  ✱ 6 3 ✱ 4
```

3 Bilde Subtraktionsaufgaben mit zwei dieser Zahlen.

Die Differenz
a) ist kleiner als 15000,
b) ist größer als 20000,
c) liegt zwischen 15000 und 20000.

32753 39101 28438 12345 13430 9582 12100 21594 32344

4 a) 2345 € − 789 €
22450 € − 11890 €

b) 37546 km − 23985 km
58109 km − 9205 km

c) 512235 € − 36989 €
772063 km − 7432 km

5 Im Autohaus „Die Flitzer" wurden im Monat Mai für 245367 € Autos verkauft. Das waren 67286 € weniger als im Monat April.
Wie viel Euro hat das Autohaus im April eingenommen?

6 Familie Schneider kauft sich einen Swimming-Pool.
Der Preis beträgt 2234 €.
Der Verkäufer gibt einen Preisrabatt von 341 €.
Wie viel Euro muss Familie Schneider bezahlen?

WIEDERHOLE

1. Bilde die Quersumme der Zahlen: 539, 706, 1582, 4938, 23796.
2. Welche Zahlen liegen zwischen den Zahlen 48 und 56, 219 und 225?

1: Subtrahieren, Kontrolle mit der Quersumme 2: Fehlende Ziffern finden
3: Subtraktionsaufgaben finden 4: Subtrahieren von Größenangaben
5 und 6: Inhalt erfassen; Aufgabe finden; lösen und antworten

Subtrahieren mit zwei Subtrahenden

Das Fahrradwerk stellte im Januar 3797 Sporträder her. Davon wurden 1842 Räder an Fahrradhändler geliefert. Im Direktverkauf ab Werk wurden 312 Räder verkauft. Wie viele Sporträder sind von der Januarproduktion noch übrig?

Anna schreibt auf: 3797 – 1842 – 312 = ☐ Ü: 4000 – 2000 – 300 = 1700

Sie macht daraus zwei Aufgaben und rechnet:

1. Schritt:	2. Schritt:
3797	1955
– 1842	– 312
1	
1955	1643

1 Rechne wie Anna: a) 7493 – 4272 – 221
8864 – 5412 – 432
4865 – 1302 – 2122

b) 94328 – 14444 – 1521
79849 – 14315 – 2113
36571 – 2164 – 610

1441 3000 3020 33797 63421 78363

Tom rechnet und schreibt so: Ü: 4000 – 2000 – 300 = 1700

	T	H	Z	E
	3	7	9	7
–	1	8	4	2
–		3	1	2
	1			
	1	6	4	3

2E + 2E + 3E = 7E, schreibe 3
1Z + 4Z + 4Z = 9Z, schreibe 4
3H + 8H + 6H = 17H, schreibe 6 und übertrage 1
1T + 1T + 1T = 3T, schreibe 1

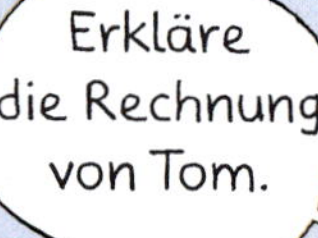

2 Rechne wie Tom:

a)	b)	c)	d)
4975	9658	26824	242549
– 2110	– 6013	– 2401	– 123123
– 604	– 1245	– 9203	– 40205

2261 2400 15220 79221

3 Schreibe zuerst stellengerecht untereinander und rechne dann. Beginne mit dem Überschlag.

a) 77653 – 7223 – 5677
83418 – 999 – 4101
50000 – 2559 – 341
31134 – 122 – 9877

b) 21584 – 2374 – 12011
34333 – 4388 – 2229
129988 – 42732 – 64338
232323 – 71882 – 48566

7199 21135 22918 27716 47100 64753 78318 111875

1: Subtrahieren mit zwei Teilaufgaben
2 und 3: Subtrahieren nach dem schriftlichen Verfahren

1 Subtrahiere. Kontrolliere mit der Quersumme (QS)

a) 146 580 − 121 200 − 8 409 QS 24
b) 525 534 − 209 945 − 307 433 QS 20
c) 434 199 − 117 205 − 312 408 QS 23
d) 558 123 − 492 111 − 3 567 QS 21
e) 254 121 − 199 352 − 999 QS 22

2 Finde die fehlenden Ziffern.

a)
```
  7 7 7 ■
− ■ 2 3 2
− 1 5 ■ 5
  3 ■ 3 0
```

b)
```
  9 ■ 7 6
− 2 2 ■ 2
− 3 3 3 ■
  ■ 3 3 1
```

c)
```
  1 ■ 4 5 6
−   3 ■ 8 8
−   2 7 2 9
    6 2 ■ ■
```

d)
```
  2 9 4 3 ■
− 1 7 5 ■ 1
−   3 ■ 2 2
    ■ 5 0 0
```

3 Schreibe stellengerecht untereinander und subtrahiere.

a) 122,50 € − 37,50 € − 41,00 €
289,99 € − 67,30 € − 9,99 €
1 525,99 € − 78,50 € − 87,50 €

b) 343,89 € − 245,50 € − 9,90 €
788,99 € − 102,00 € − 24,95 €
4 560,80 € − 160,20 € − 79,30 €

4 Wie viel Geld bekommen die Kinder zurück?

5 Die Familie Holm hat 1 250 € gespart.
Sie kauft sich drei Fahrräder.
Das Rad für die Mutti kostet 370 €,
das für den Vati 499 € und das für den Sohn 279 €.
Wonach kannst du fragen?
Stelle verschiedene Fragen, finde dazu die Aufgaben.
Löse die Aufgaben und antworte.

1: Subtrahieren, Ergebnis mit der Quersumme vergleichen 2: Fehlende Ziffern ermitteln
3: Geldbeträge subtrahieren 4: Addieren und Subtrahieren
5: Fragen und Aufgaben finden, lösen und antworten

Gleichungen

5 624 + ☐ = 5 650
5 624 + 26 = 5 650
5 624 + x = 5 650
x = 26

MERKE DIR

- An Stelle eines Platzhalters kann auch ein kleiner Buchstabe stehen.
- Kleine Buchstaben, die für Zahlen stehen, heißen Variablen.

1 a) 4 542 + 133 = x
6 845 + 253 = x
3 950 + 140 = x
5 089 + 909 = x

b) 2 435 + x = 2 879
6 982 + x = 7 058
3 628 + x = 4 609
7 556 + x = 8 030

c) x + 321 = 6 547
x + 537 = 3 058
x + 826 = 7 450
x + 608 = 5 539

2 a) 6 479 − 355 = a
7 529 − 462 = a
3 509 − 608 = a
5 189 − 629 = a

b) 5 382 − a = 4 141
6 853 − a = 6 305
9 999 − a = 8 063
8 064 − a = 7 895

c) a − 213 = 5 768
a − 726 = 6 085
a − 567 = 3 208
a − 631 = 7 989

3 a) 214 + 233 = x
617 + z = 838
w + 244 = 1 783
346 + u = 482

b) 2 653 − 243 = a
967 − c = 421
e − 274 = 126
3 450 − d = 354

c) 6 107 + h = 6 820
m − 372 = 419
o + 516 = 977
3 460 − s = 2 860

4

x	y	x + y
4 726	243	
597	325	
1 908	245	
627		4 007

x	y	x − y
3 507	437	
2 954	963	
5 803	605	
	172	2 312

x	y	x − y
	645	546
	729	280
3 650		2 900
7 403		5 801

Ich probiere es mit ausgedachten Zahlen.

5 Entscheide: „ist sicher", „ist möglich" oder „ist unmöglich"?
a) Die Summe ist halb so groß wie ein Summand.
b) Der Minuend ist doppelt so groß wie der Subtrahend.
c) Die Differenz aus 7 005 und 3 000 ist größer als 2 000.
d) Die Differenz ist um 200 kleiner als der Subtrahend.

6 Schreibe eine Gleichung auf. Setze an Stelle der fehlenden Zahl eine Variable. Löse die Gleichung.
a) Ein Summand ist 309, die Summe 5 780.
b) Der Minuend ist 8 365, die Differenz 7 965.
c) Der Subtrahend ist 251, die Differenz 2 462.
d) Ein Summand ist 340, die Summe ist doppelt so groß.

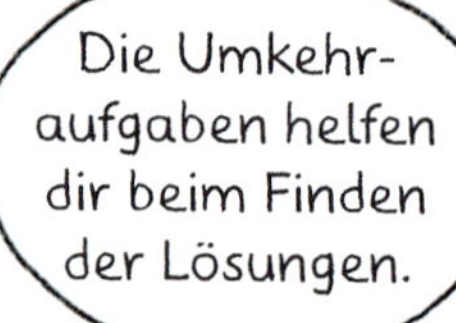

1 bis 3: Additions- und Subtraktionsgleichungen lösen 4: Addieren und Subtrahieren in Tabellen
5: Wahrheitsgehalt überprüfen; Aussage begründen 6: Gleichungen finden und lösen

Ungleichungen

Gleichung: $8421 + x = 8471$
$x = 50$
Ungleichung: $1248 + x < 1254$
$x = 0, 1, 2, 3, 4, 5$

MERKE DIR

Eine Ungleichung kann
- nur eine Lösung,
- mehrere Lösungen oder
- keine Lösung haben.

1 Gib alle Zahlen an, die du für a einsetzen kannst.

a) $5768 + a < 5772$
$6897 + a < 6904$
$2098 + a < 2103$
$3909 + a < 3914$
$4645 + a < 4652$

b) $a + 8796 < 8803$
$a + 5207 < 5213$
$a + 2495 < 2502$
$a + 6248 < 6251$
$a + 7075 < 7083$

c) $3420 - a > 3415$
$4304 - a > 4297$
$7002 - a > 6996$
$5003 - a > 4995$
$6185 - a > 6179$

2 Gib die kleinste und die größte Zahl an, die du für x einsetzen kannst.

a) $6340 + x < 6851$
$7160 + x < 7572$
$3291 + x < 3305$
$4510 + x < 4600$
$5788 + x < 6001$

b) $5630 - x > 4530$
$8724 - x > 8700$
$6438 - x > 6399$
$8327 - x > 8297$
$7004 - x > 6380$

c) $9040 > 8960 + x$
$5406 < 5420 - x$
$3200 > 3110 + x$
$1309 > 1290 + x$
$4601 > 2899 + x$

3 Gib immer drei Zahlen an, die du für e einsetzen kannst.

a) $63000 + e < 69000$
$33000 + e < 38000$
$78000 + e < 83000$
$423000 + e < 430000$
$518000 + e < 536000$

b) $e + 128000 < 133000$
$e + 213000 < 220000$
$e + 349000 < 353000$
$27000 + e < 33000$
$642000 + e < 673000$

c) $704000 - e > 698000$
$898000 + e < 906000$
$538000 - e > 536005$
$e + 328000 < 341000$
$e - 216500 > 320000$

4 Gibt es keine Lösung, eine Lösung oder mehrere Lösungen?

a) $5482 + y < 5484$
b) $2841 - m > 2681$
c) $7392 + w > 7492$
d) $6350 - a > 6349$
e) $8092 + f < 8090$
f) $g - 30 < 1327$
g) $3621 - e < 3640$
h) $50 + b < 1240$

Schreibe so:

a) mehrere Lösungen
b)

5 Zahlen gesucht

a) Ich denke mir eine Zahl x, addiere zu ihr 310 und erhalte die Zahl 650.

b) Ich denke mir eine Zahl y, subtrahiere von ihr 750 und erhalte die Zahl 4350.

c) Um wie viel ist die größte fünfstellige Zahl kleiner als die größte sechsstellige Zahl?

Daten in Tabellen und Diagrammen

Fernsehturm Berlin

Eiffelturm Paris

Kölner Dom Köln

Burj Khalifa Dubai

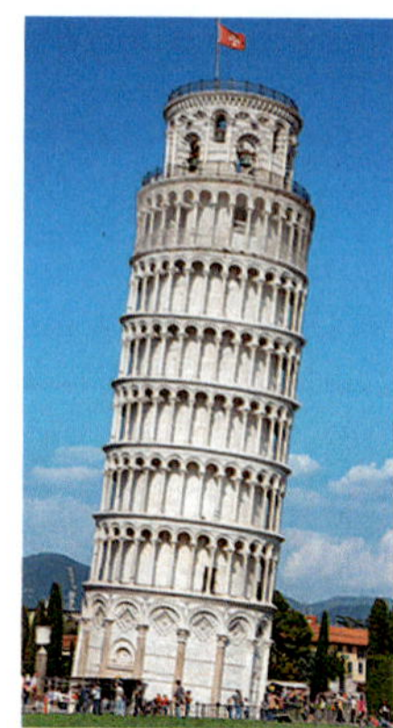
Schiefer Turm Pisa

Meter
900
800
700
600
500
400
300
200
100

Fernsehturm Berlin (A)
Eiffelturm Paris (B)
Kölner Dom (C)
Burj Khalifa Dubai (D)
Schiefer Turm Pisa (E)

Gebäude	Höhe	
	abgelesen	genau
A		
B		
C		
D		
E		

1 Lies die ungefähren Höhen der Gebäude ab und trage sie in eine Tabelle ein. Trage auch die genauen Höhen ein.

Hier findest du die genauen Höhen: 300 m, 828 m, 55 m, 157 m, 368 m.

2 Wie viel Meter ist das Gebäude in Dubai höher als:

a) der Berliner Fernsehturm,
b) der Kölner Dom?

Überschlage erst und rechne dann genau.
Vergleiche den Überschlag mit deinem Ergebnis.

3 Wahr oder falsch?

a) Der Kölner Dom ist ungefähr dreimal so hoch wie der Schiefe Turm von Pisa.
b) Das höchste Gebäude von Dubai ist etwa 15-mal höher als der Schiefe Turm von Pisa.

Überschlage erst und rechne dann genau.
Vergleiche den Überschlag mit deinem Ergebnis.

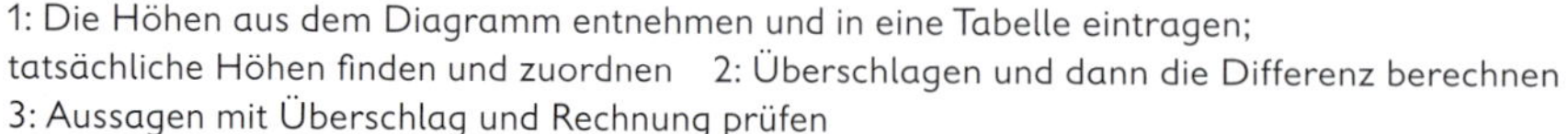
1: Die Höhen aus dem Diagramm entnehmen und in eine Tabelle eintragen; tatsächliche Höhen finden und zuordnen 2: Überschlagen und dann die Differenz berechnen
3: Aussagen mit Überschlag und Rechnung prüfen

AH 24 | **TÜ** 32

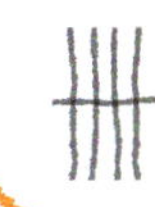

1 Der Parkplatz vor dem Rathaus hat 320 Parkplätze. Die Stadtverwaltung hat überprüft, wie der Parkplatz zu unterschiedlichen Zeiten belegt ist.

Zeit	8 Uhr	10 Uhr	12 Uhr	14 Uhr	16 Uhr	18 Uhr	20 Uhr
Besetzt	270	302	285	311	299	315	260
Frei							

a) Übertrage die Tabelle in dein Heft. Berechne die Anzahl der freien Parkplätze und vervollständige die Tabelle.
b) Zu welcher Zeit waren die meisten Parkplätze besetzt?
c) Stimmt es, dass um 20 Uhr ein Viertel der Parkplätze nicht besetzt war?

2 Tom und Anna betreuen das Meerschweinchen „Nicki“ im Schulzoo. Sie haben es jeden Monat gewogen. Das Streifendiagramm zeigt, wie sich das Gewicht von Nicki verändert hat.

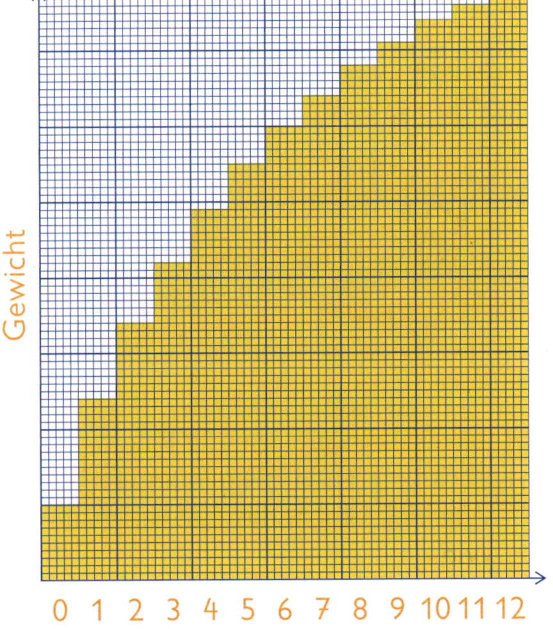

Beachte: 1 mm Streifenhöhe bedeutet 10 g.

a) Aus dem Streifendiagramm kannst du das Gewicht von Nicki ablesen. Fertige dazu eine Tabelle an.

Monat	1.	2.	3.	
Gewicht				

b) Nicki ist jetzt 12 Monate alt. Wie schwer war er nach $\frac{1}{4}$ Jahr, nach $\frac{1}{2}$ Jahr und nach $\frac{3}{4}$ Jahr?
c) Wie viel hat Nicki zugenommen: vom 1. Monat bis zum 2. Monat, vom 3. Monat bis zum 4. Monat?

1: Tabelle vervollständigen; Zahl der besetzten/freien Plätze errechnen
2: Gewicht ermitteln und in die Tabelle eintragen; Gewicht für Teile des Jahres bestimmen; Gewichtszunahme berechnen

Sachaufgaben – Besondere Wörter

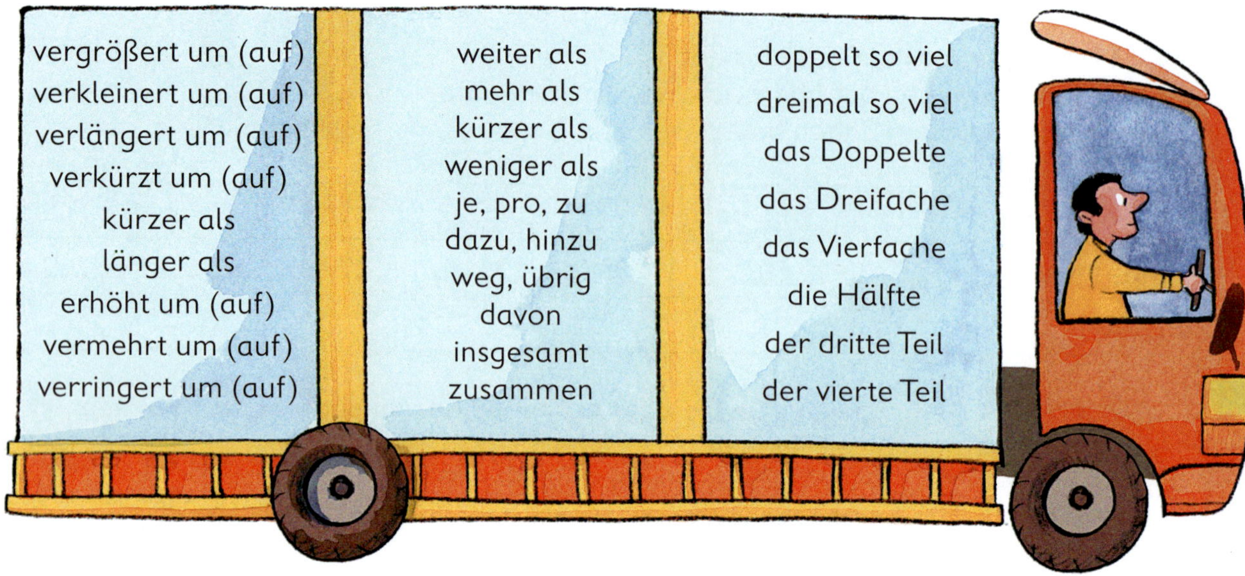

1 Zur Verteilung der Pakete auf die einzelnen Postämter fährt der Paketbote wöchentlich eine Strecke von 985 km.
Wegen vieler Umleitungen hat sich die Gesamtstrecke um 137 km verlängert.
Wie viel Kilometer muss der Paketbote jetzt fahren?

2

Im November und Dezember stellt die Post verstärkt Aushilfskräfte ein. Im Dezember erhöht sich dadurch die Zahl der Arbeitskräfte um 376. Insgesamt waren im Dezember 2 092 Männer und Frauen im Zustelldienst tätig.
Wie viele Arbeitskräfte waren im November beschäftigt?

3 Der Paketbote lädt 129 Pakete zu je 9 kg und 92 Pakete zu je 20 kg in das Postauto.
Wie viel Kilogramm hat das Auto insgesamt geladen?

4 Die Postautos der Zentralpost haben im Dezember zusammen 2 474 l Benzin verbraucht.
Das sind 385 l mehr als im November.
Wie viel Liter Benzin wurden im November verbraucht?

5

Im Dezember wurden in einer Stadt dreimal so viele Karten und Briefe verschickt wie im Monat November.
Im Oktober waren es 2 464 Karten und Briefe. Das war genau die Hälfte der Briefe und Karten vom November.
Wie viele Briefe und Karten wurden in den Monaten November und Dezember verschickt?

1 bis 5: Inhalt erfassen; besondere Wörter finden und Rechenzeichen zuordnen; Aufgaben finden; lösen und antworten

AH 25 | TÜ 33

1 Am Freitag hatte der Zoo 1314 Besucher. Am Sonnabend waren es 746 Besucher mehr als am Freitag. Am Sonntag kamen doppelt so viele Besucher wie am Sonnabend. Wie viele Besucher hatte der Zoo am Sonntag?

Tipp:
Fertige dir eine Tabelle an.

2 Für die Wasserleitung am Tigerkäfig muss ein Graben von 1282 m Länge ausgehoben werden.
Am Montag wurden schon 644 m Graben ausgehoben.
Am Dienstag wurden 178 m weniger geschafft.
Wie viel Meter Graben müssen am Mittwoch noch ausgehoben werden?

Tipp:
Die Skizze hilft dir. Vervollständige sie im Heft.

Montag ______ m

Dienstag ______ m ● ______ m Mittwoch

1282 m

3 Der 1600 m lange Zaun um das Lamagehege wird erneuert. Im Abstand von 100 m werden Säulen zur Befestigung des Zauns gesetzt.
Wie viele Säulen müssen gesetzt werden?

Tipp:
Fertige eine Skizze an.

4 Der Tierpfleger wiegt das vorhandene Vogelfutter.
Im ersten Sack sind genau 14,265 kg und im zweiten Sack sind 2780 g mehr.

1 bis 4: Inhalt erfassen; besondere Wörter finden und Rechenzeichen zuordnen; Aufgabe finden, lösen und antworten 4: Frage finden

Parallelen – Senkrechte – rechte Winkel

1 Zeige auf dem Foto Geraden,
a) die zueinander parallel sind,
b) die zueinander senkrecht sind,
c) die einander schneiden.

2 a) Zeige vier rechte Winkel auf dem Foto oben.
b) Wie viele rechte Winkel findest du in den Figuren A, B, C und D?

A
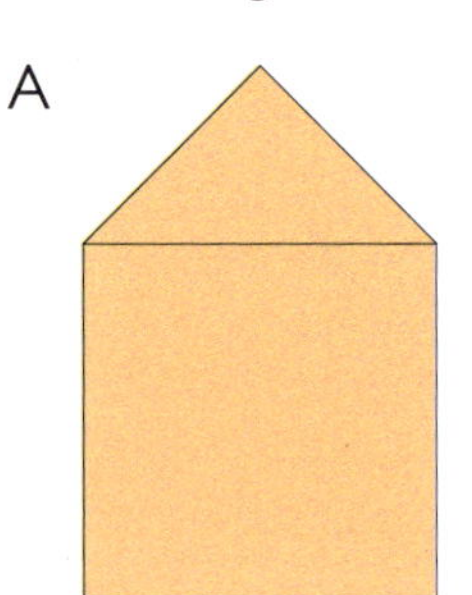

B

C
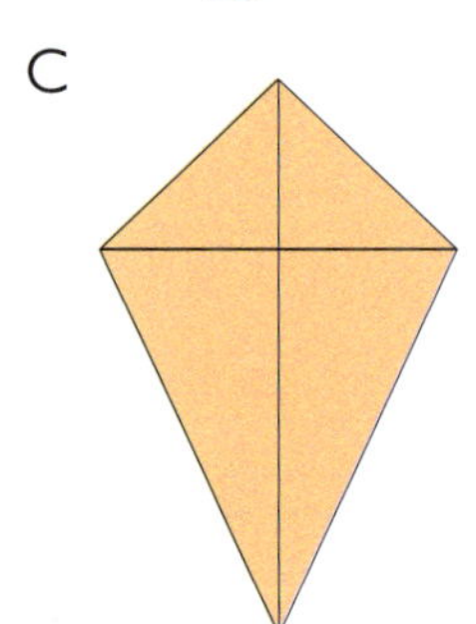

D
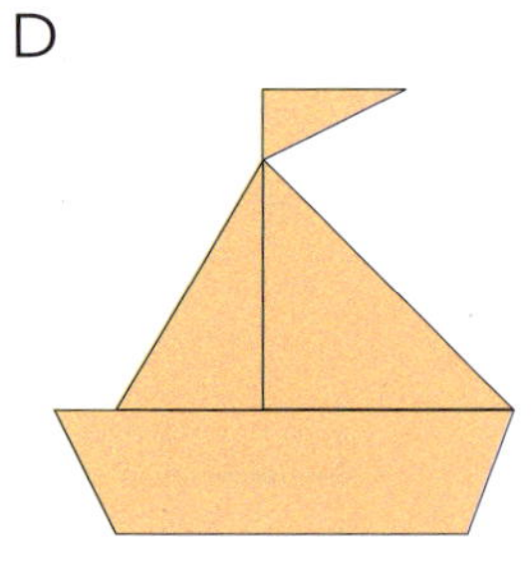

3 Zeichne zur Geraden g zwei parallele Geraden e und f.

1. Möglichkeit: Du arbeitest nur mit dem Geodreieck.

2. Möglichkeit: Du arbeitest mit dem Lineal und dem Geodreieck.

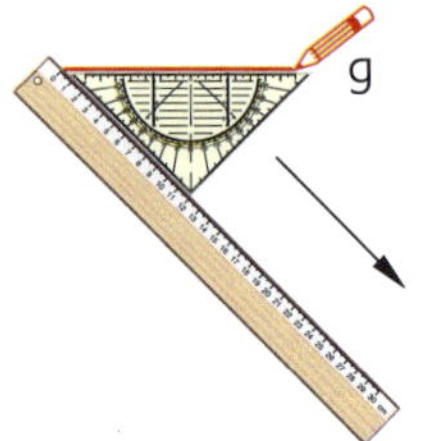

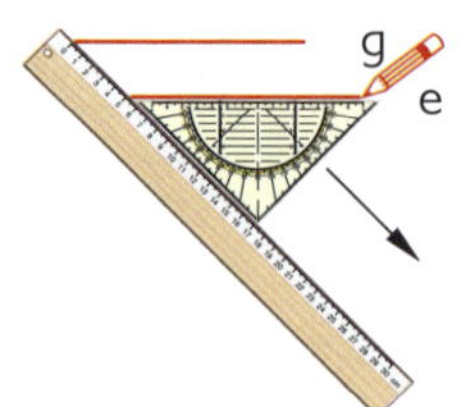

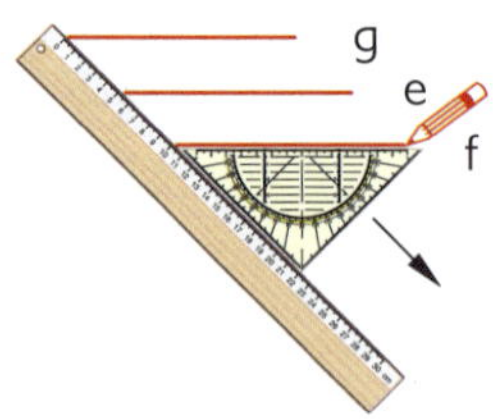

1 und 2: Parallelen, Senkrechte und rechte Winkel erkennen und zeigen
3: Parallelen nach einer der Möglichkeiten zeichnen

AH 26–27 | TÜ 34

1 Zeichne zwei Geraden g und f, die sich schneiden.
Zeichne Parallelen zu diesen Geraden so, dass solche Vierecke entstehen.
Male die Vierecke mit verschiedenen Farben so aus, dass ein Muster entsteht.

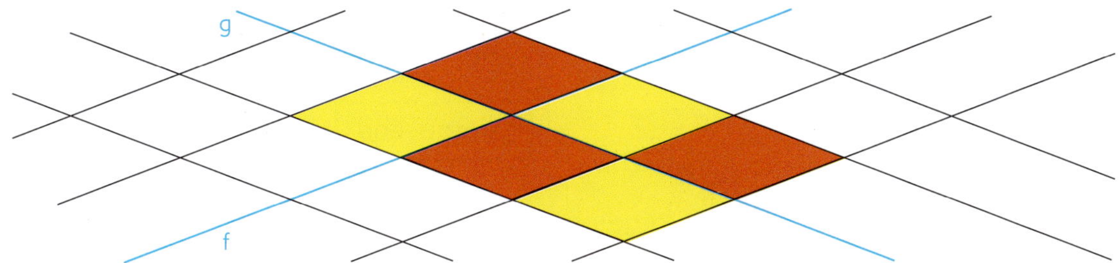

2 Zeichne Muster mit parallelen und senkrechten Geraden.

a) Beginne mit einem Quadrat mit 40 mm langen Seiten.

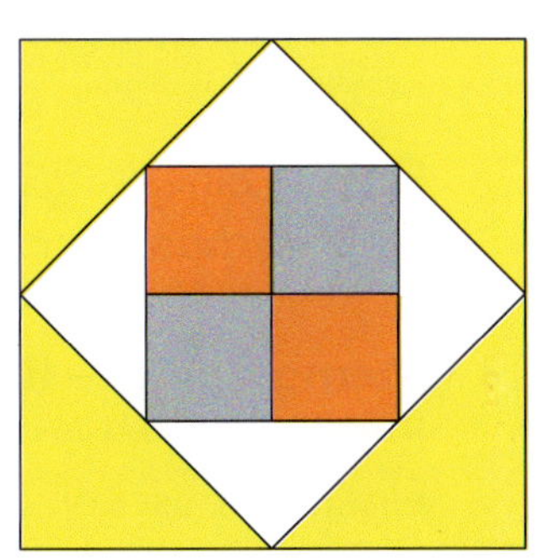

b) Beginne mit einem Rechteck. Die Seiten des Rechtecks sind 7 cm und 4 cm lang.

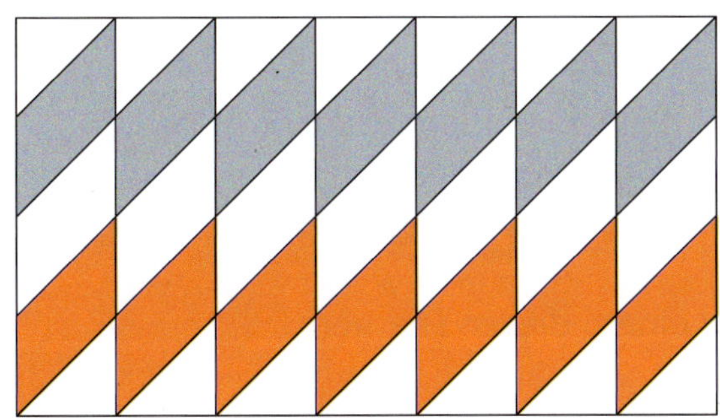

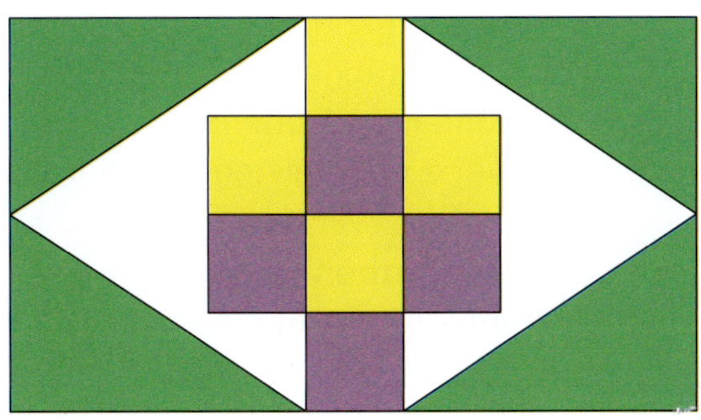

3 Überprüfe, ob die Geraden zueinander parallel sind.

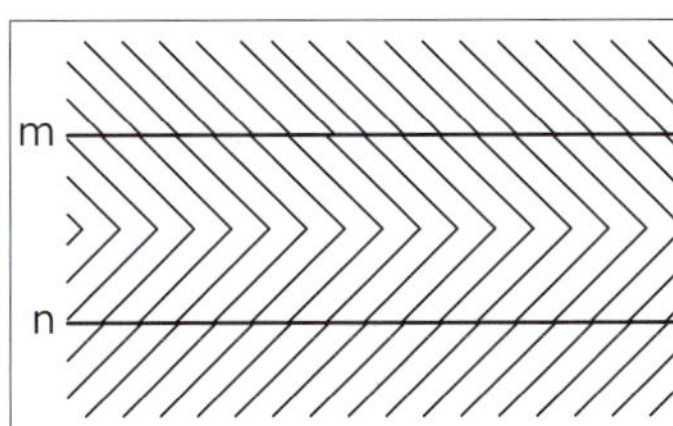

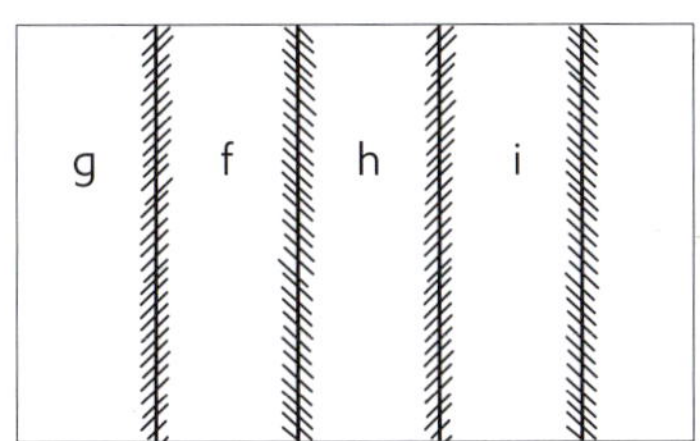

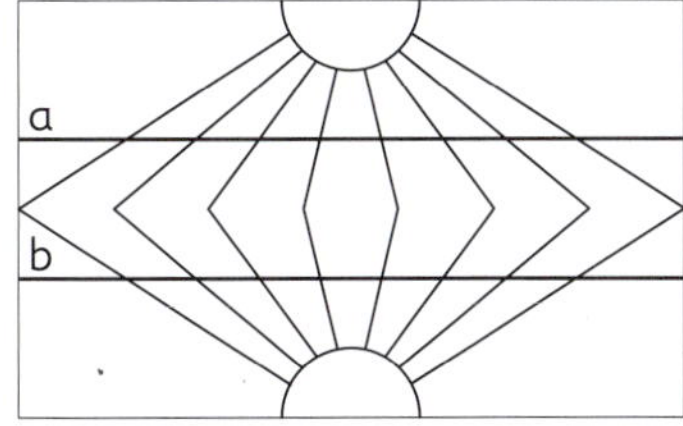

1: Parallelen zeichnen; Muster gestalten
2: Muster nach Vorgabe zeichnen
3: Parallelität überprüfen

Freundeseiten – Lernen mit dem Partner oder in der Gruppe

1 Große Zahlen

Fertigt solche Kärtchen an.
Lege mit den Kärtchen ein Zahlwort.
Dein Lernpartner liest das Zahlwort vor und schreibt die Zahl auf.

eins	drei	sieben	neun
	fünfzig	sechzig	achtzig
	einhundert	zweihundert	und
	eintausend	achttausend	und

2 Aufgabenfolgen

Finde die Regel für die Aufgabenfolge und erkläre sie deinem Lernpartner.
Vervollständige dann die Aufgabenfolge.

a)	b)	c)
25 000 + 1 200	73 000 − 2 100	54 200 − 4 000
25 000 + 2 400	73 000 − 1 900	54 200 − 5 000
25 000 + 3 600	73 000 − 1 700	54 200 − 6 000
___ + ___	___ − ___	___ − ___
___ + ___	___ − ___	___ − ___

Erfinde eine Aufgabenfolge mit drei Aufgaben.
Dein Lernpartner findet dazu zwei weitere Aufgaben.

3 Memoryspiel – Römische Zahlzeichen

Beschriftet sieben gleich große Kärtchen mit je einem römischen Zahlzeichen und sieben Kärtchen mit der dazu passenden Zahl.
Alle Kärtchen liegen gemischt und verdeckt auf dem Tisch.
Du und dein Lernpartner decken abwechselnd immer zwei Kärtchen auf.
Wer ein passendes Paar gefunden hat, behält die Kärtchen.
Passen die Kärtchen nicht zueinander, werden sie wieder verdeckt abgelegt.
Wer zuerst die meisten Paare hat, ist Sieger.

Beispiel:

M	1 000
L	50

4 Längenangaben in der Umwelt

Sucht im Internet fünf Längenangaben zu einem dieser Themen:

- Körperlänge von Tieren
- Länge von Flüssen
- Höhe von Bergen
- Höhe von Fernsehtürmen

Rundet die Längenangaben sinnvoll.
Stellt die Längenangaben in einem Diagramm dar.

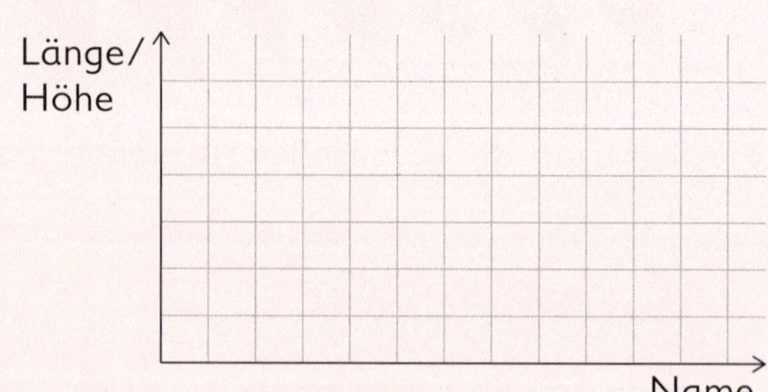

1: Zahlwörter mit Kärtchen legen und Zahlen schreiben 2: Aufgabenfolgen vervollständigen
3: Memory mit römischen Zahlzeichen spielen 4: Längenangaben finden, runden und darstellen

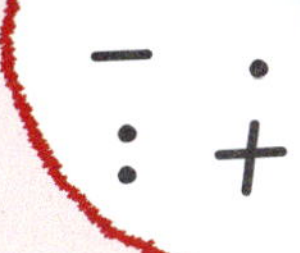

1 Größenangaben umwandeln

Jedes Kind schreibt auf fünf gleich große Zettel jeweils eine Größenangabe, die umgewandelt werden soll.
Die Zettel liegen mit der verdeckten Aufgabe auf dem Tisch.
Nacheinander deckt jedes Kind eine Augabe auf und nennt das Ergebnis.
Ist das Ergebnis richtig, darf es den Aufgabenzettel behalten.
Ist das Ergebnis falsch, wird der Zettel abgelegt.
Sieger ist, wer die meisten Zettel hat.

Beispiele:

- 108 ct = ? €
- 3,5 km = ? m
- 1 200 g = ? kg

2 Zahlenrätsel

Du erfindest ein Zahlenrätsel.
Der Lernpartner löst es.
Dann erfindet er ein Rätsel und du löst es.

Beispiele: Wie heißt die Zahl?

- Die Zahl ist um 320 größer als 2 400.
- Ich subtrahiere von einer Zahl 270 und erhalte 530.

3 Klecksaufgaben

Du erfindest eine Klecksaufgabe.
Schreibe dazu eine Aufgabe mit Lösung auf.
Notiere diese Aufgabe nochmals auf einem anderen Blatt. Übermale dann in jeder Zahl an einer anderen Stelle eine Ziffer.
Dein Partner muss die übermalten Ziffern finden.

Beispiele:

```
   3 ✱ 5 4        4 8 ✱ 7
 + 2 1 ✱ 3      – 2 ✱ 6 3
   5 4 3 ✱        ✱ 7 9 4
```

4 Besondere Linien

Falte ein quadratisches Blatt in drei Schritten.

1. 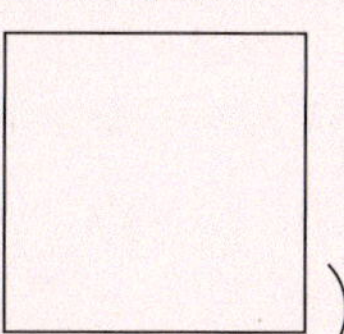
2. 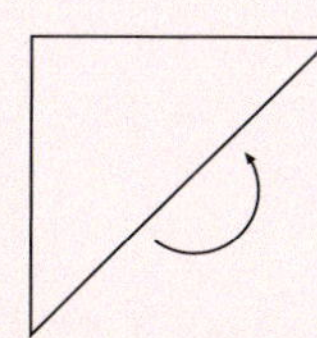
3. 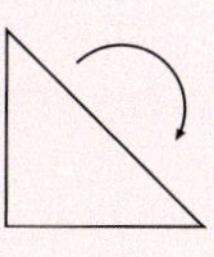

Ergebnis: 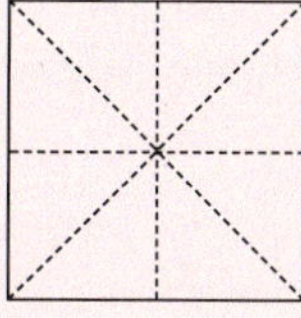

Zerschneide es entlang der Faltlinien.
Lege mit den entstandenen Dreiecken verschiedene Figuren.

Beispiele:

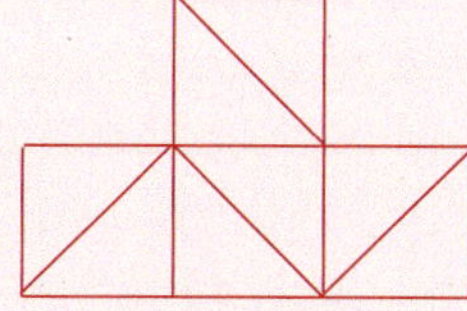

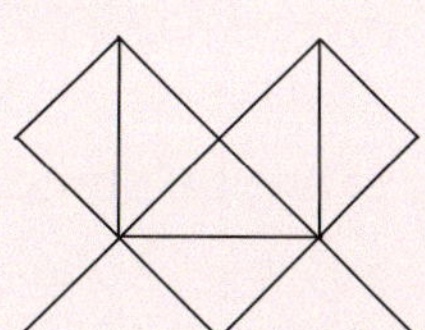

Zeige deinem Lernpartner in diesen Figuren zueinander parallele und zueinander senkrechte Linien.

Kann ich das schon?

1 Zähle

a) in Einerschritten von **2412** bis **2440**,

b) in Zehnerschritten von **54810** bis **54950**,

c) in Fünfzigerschritten von **82500** bis **83100**,

d) in Hunderterschritten von **13700** bis **14900**,

e) in Tausenderschritten von **697600** bis **705600**.

2 Wie heißen die Zahlen?

a) 7ZT 3T 5Z 1H 8E

b) 5ZT 7Z 0T 2H 4E

c) 8HT 6ZT 4T 1E 0H 7Z

d) 0E 9ZT 9HT 9H 0T 9Z

e) 1E 1HT 0T 1H 1ZT 0Z

f) 4HT 1H 1E 4T 1ZT 4Z

g) 9ZT 8T 6Z 7H 5E

h) 2ZT 4H 1HT 3T 5Z 6E

3 Bilde aus den Ziffern die kleinstmögliche und die größtmögliche fünfstellige Zahl. Bilde die Summe und die Differenz der beiden Zahlen.

8 3 2 5 4

4 Überschlage erst und rechne dann genau. Vergleiche den Überschlag mit dem Ergebnis.

a)	b)	c)	d)	e)
6235	528412	76875	540708	568914
+ 32417	+ 61298	− 23497	− 23624	− 304237

f)	g)	h)	i)	j)
439290	608736	892505	905568	146094
+ 304157	+ 293176	− 327428	− 37476	− 23247
+ 12328	+ 4213	− 56232	− 208320	− 100418

5 Überschlage, schreibe stellengerecht untereinander und rechne dann genau.

a) 37809 − 5124 − 12096
99076 − 984 − 27008
87454 − 12612 − 7023
737258 − 4723 − 52611

b) 449509 − 408730 − 4518
918749 − 52077 − 636307
55467 − 24008 − 932
331094 − 203425 − 2793

6 Runde die Zahlen:

a) auf Vielfache von 100

Schreibe so: 2 470 ≈ ☐

2 470, 34 629, 7 084, 11 037, 423 152, 60 072, 712 550, 629 713, 579 748

b) auf Vielfache von 1 000

Schreibe so: 45 670 ≈ ☐

45 670, 70 425, 41 098, 347 902, 808 295, 590 472, 641 399, 219 603, 752 511

7 In der Schautafel ist der Wasserverbrauch pro Person einer Stadt dargestellt.

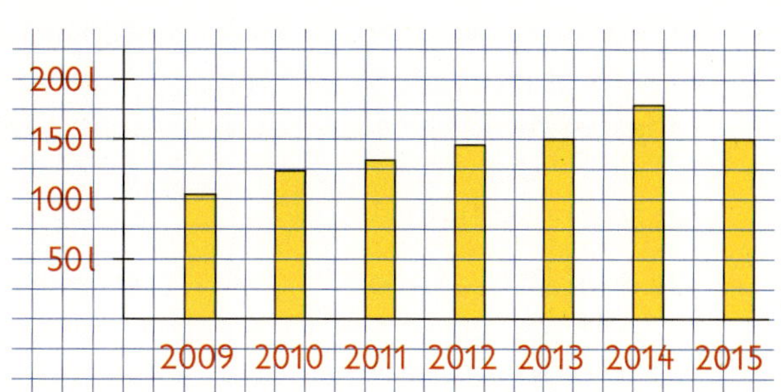

a) Lies den Verbrauch für jedes Jahr so genau wie möglich ab.

b) Um wie viel Liter ist der Verbrauch von 2009 bis 2014 ungefähr gestiegen?

c) Um wie viel Liter hat sich der Verbrauch von 2014 zu 2015 ungefähr verringert?

8 Familie Krause war im Urlaub mit dem Auto unterwegs.
In der ersten Woche ist die Familie 2 604 km, in der zweiten Woche 1 089 km und in der dritten Woche 279 km weniger als in der zweiten Woche gefahren.
Wie viel Kilometer ist sie insgesamt gefahren?

9 Zeichne eine Strecke $\overline{AB}$ = 6 cm.
Zeichne zu dieser Strecke eine parallele Strecke, die doppelt so lang ist, und eine weitere parallele Strecke, die nur halb so lang ist wie die Strecke $\overline{AB}$.

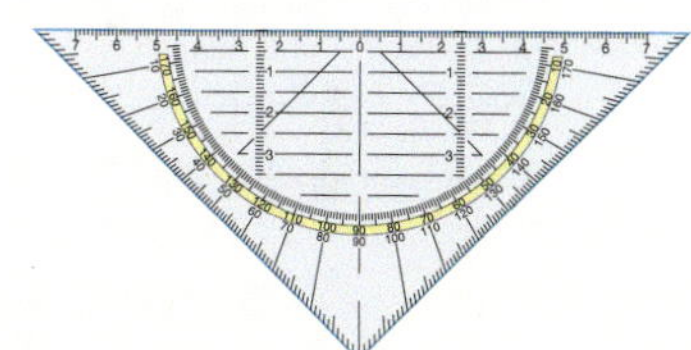

10 Zeichne ein Rechteck mit den Seitenlängen $\overline{AB}$ = 9 cm und $\overline{BC}$ = 5 cm.
Zeichne in das Rechteck ein Muster aus parallelen und senkrechten Geraden.

11 Vervollständige die Tabelle in deinem Heft.

Vorgänger		39 399			110 900	
Zahl	53 780			624 000		
Nachfolger			124 601			7 900

12 a) Schreibe die Zahl 36 000 als Summe aus zwei gleich großen Summanden.

b) Der Minuend ist die größte fünfstellige Zahl.
Der Subtrahend ist die kleinste vierstellige Zahl. Berechne die Differenz.

Kilogramm – Gramm

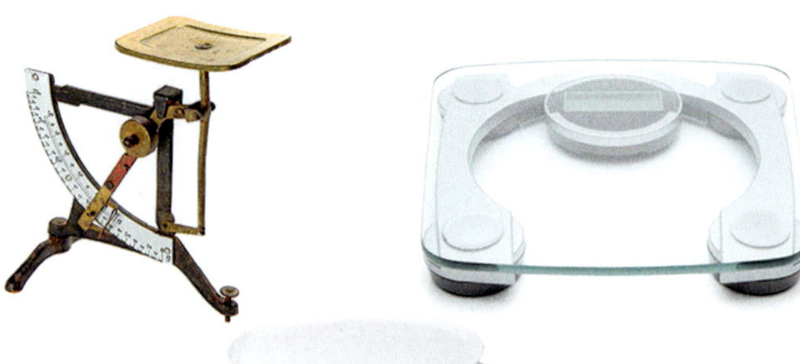

MERKE DIR

Die Masse (das Gewicht) wird in Kilogramm (kg) oder Gramm (g) gemessen.

1 kg = 1 000 g

1 Welche Waage eignet sich am besten, um folgende Dinge zu wiegen? Schätze zuerst, überprüfe dann mit der entsprechenden Waage.

a) dein Mathematikbuch b) einen Brief c) ein Schulkind

d) dein Pausenbrot e) einen Schulranzen f) deinen Füller

2 Um Massen richtig schätzen zu können, helfen uns Vergleichswerte.

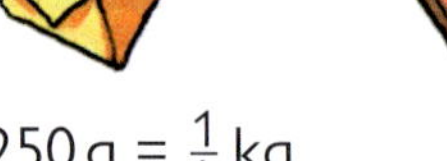

1 kg = 1 000 g 500 g = $\frac{1}{2}$ kg 250 g = $\frac{1}{4}$ kg 100 g 50 g 30 g 1 g

Wiege nach und finde weitere Dinge, die die gleiche Masse haben.

3 Ordne zu.

1: Gegenstände schätzen und wiegen
2: Festwerte vermitteln 3: Größenvorstellungen entwickeln

1 Ergänze zu 1 kg. Schreibe so: 320 g + ☐ g = 1 kg

a) 320 g, 450 g, 680 g, 570 g, $\frac{1}{2}$ kg

b) 553 g, 604 g, $\frac{1}{4}$ kg, 815 g, 486 g

c) 165 g, 67 g, $\frac{3}{4}$ kg, 7 g, 1 000 g

MERKE DIR

Das muss man sich merken:

$\frac{1}{2}$ kg = 500 g
$\frac{1}{4}$ kg = 250 g
$\frac{3}{4}$ kg = 750 g

2 Gib in Kilogramm an.

1 000 g, 500 g, 750 g, 250 g

3 Gib in Gramm an.

1 kg, $\frac{3}{4}$ kg, $\frac{1}{4}$ kg, $\frac{1}{2}$ kg

4 Berechne, wie viel jeweils 1 kg kostet.

5 Rechne.

a) 1 kg − $\frac{1}{2}$ kg
1 kg − $\frac{1}{4}$ kg
1 kg − $\frac{3}{4}$ kg

b) $\frac{1}{2}$ kg + $\frac{1}{2}$ kg
$\frac{1}{4}$ kg + $\frac{1}{2}$ kg
$\frac{3}{4}$ kg + $\frac{1}{4}$ kg

c) $\frac{3}{4}$ kg − $\frac{1}{4}$ kg
$\frac{1}{2}$ kg − $\frac{1}{2}$ kg
$\frac{1}{2}$ kg − $\frac{1}{4}$ kg

6 Maria und ihre Familie fahren in den Urlaub.
Ihr Auto darf 410 kg zuladen. Maria wiegt 28 kg, ihre Mutter 62 kg und ihr Vater 90 kg.

a) Wie viel Kilogramm wiegen Maria und ihre Eltern zusammen?
b) Wie viel Kilogramm Gepäck dürfen sie noch mitnehmen?

7 Anna und ihre Mutter wiegen zusammen 90 kg.
Die Mutter wiegt doppelt so viel wie Anna.

WIEDERHOLE

1. 430 + 450
512 + 310
650 + 245

2. 250 + ☐ = 900
370 + ☐ = 700
750 + ☐ = 1 000

3. 1 000 − 250
900 − 630
1 000 − 500

4. 1 000 − ☐ = 500
500 − ☐ = 250
1 000 − ☐ = 250

1: Zu 1 kg ergänzen (geläufige Brüche kennenlernen und verwenden)
2 und 3: Größenangaben umwandeln 4 und 5: Mit Größenangaben rechnen
6 und 7: Kenntnisse über Einheiten der Masse in Sachsituationen anwenden

20 g | 800 g | 29 kg 430 g | 5 kg 250 g | 2 200 g | 150 g

1 Ordne die Haustiere nach ihrer Masse. Beginne mit dem leichtesten Tier.

2 Wandle in Gramm um.

a) 4 kg, 6 kg, 10 kg
b) 12 kg, 80 kg, 100 kg

1 kg = 1 000 g

3 Wandle in Kilogramm um.

a) 7 000 g, 5 000 g, 2 000 g
b) 9 000 g, 12 000 g, 50 000 g

4 Schreibe mit zwei Einheiten.

a) 4,245 kg, 6,568 kg, 2,955 kg, 3,507 kg, 7,460 kg
b) 12,600 kg, 0,375 kg, 5,036 kg, 16,005 kg, 0,099 kg

MERKE DIR

Das Komma trennt Kilogramm und Gramm.

	kg	g			
5 kg 430 g	5	4	3	0	5,430 kg
5 kg 30 g	5	0	3	0	5,030 kg
5 kg 3 g	5	0	0	3	5,003 kg

5 Gib in Gramm an.

a) 5,675 kg, 6,750 kg, 14,500 kg
b) 4,050 kg, 0,005 kg, 0,075 kg
c) 4 kg 635 g, 7 kg 500 g, 15 kg 204 g
d) 5 kg 75 g, 2 kg 2 g, 7 kg 8 g

Erkunde, was ein Milligramm ist.

6 Gib die Masse der Tiere auf den Bildern oben jeweils in einer Einheit, in zwei Einheiten und mit Komma an.

Schreibe so: Maus: 20 g oder 0 kg 20 g oder 0,020 kg

WIEDERHOLE

1. 4 · 1 000; 3 · 1 000; 7 · 1 000
2. 40 · 1 000; 20 · 1 000; 80 · 1 000
3. 7 000 : 1 000; 1 000 : 1 000; 9 000 : 1 000
4. 50 000 : 1 000; 90 000 : 1 000; 100 000 : 10

1: Ordnen von Masseangaben
2 bis 6: Umrechnen von Masseangaben

3 000 kg

5 000 kg

2 000 kg

120 000 kg

MERKE DIR
Sehr große Massen gibt man in Tonnen an.
Du sprichst: eine Tonne
Du schreibst: 1 t   1 t = 1 000 kg

1 a) Wie viel wiegen die abgebildeten Tiere?
Schreibe so: Nilpferd: 3 000 kg = 3 t

b) Findet weitere Tiere, deren Masse man in Tonnen angeben kann.
Schaut im Lexikon oder im Internet nach.

2 Gib in Kilogramm an: 6 t, 4 t, 2 t, 10 t, 85 t und 120 t.

MERKE DIR
Das Komma trennt
Tonne und Kilogramm.

	t	kg			
1 645 kg	1	6	4	5	1,645 t
1 500 kg	1	5	0	0	1,500 t oder 1,5 t
1 050 kg	1	0	5	0	1,050 t
1 005 kg	1	0	0	5	1,005 t

3 Wandle in Tonnen um.

a)	b)
3 220 kg	16 300 kg
4 585 kg	6 500 kg
7 500 kg	780 kg
8 060 kg	64 kg
6 345 kg	25 080 kg
2 930 kg	7 010 kg
3 575 kg	325 kg
8 100 kg	2 019 kg

4 Gib in Kilogramm an.
a) 5 t 674 kg; 8 t 700 kg; 6 t 50 kg; 40 t 8 kg
b) 3,637 t; 7,805 t; 20,750 t; 0,6 t; 0,064 t

5 Schreibe mit zwei Einheiten.
a) 3,456 t; 7,530 t; 6,5 t
b) 17,8 t; 0,060 t; 12,005 t

6 Ergänze.

a) 1 kg = ☐ g $\frac{1}{4}$ kg = ☐ g
$\frac{1}{2}$ kg = ☐ g $\frac{3}{4}$ kg = ☐ g

b) 1 t = ☐ kg $\frac{1}{4}$ t = ☐ kg
$\frac{1}{2}$ t = ☐ kg $\frac{3}{4}$ t = ☐ kg

1 bis 5: Umrechnen von Masseangaben
6: Gebräuchliche Brüche kennenlernen und übertragen

Liter – Milliliter

MERKE DIR

Kleine Rauminhalte werden in Milliliter angegeben.
Du sprichst: ein Milliliter
Du schreibst: 1 ml

1 l = 1 000 ml

Flüssigkeitsmengen kann ich in Liter oder Milliliter angeben.

1 Finde weitere Beispiele für Rauminhalte, die in Milliliter angegeben werden.

2 Wandle in Milliliter um.

a)	b)	c)
4 l	25 l	43 l
6 l	12 l	100 l
10 l	80 l	79 l

3 Wandle in Liter um.

a)	b)	c)
3 000 ml	15 000 ml	77 000 ml
5 000 ml	28 000 ml	52 000 ml
9 000 ml	100 000 ml	98 000 ml

MERKE DIR

Das Komma trennt Liter und Milliliter.

	l	ml			
1 250 ml	1	2	5	0	1,250 l
1 500 ml	1	5	0	0	1,500 l oder 1,5 l
1 050 ml	1	0	5	0	1,050 l
1 005 ml	1	0	0	5	1,005 l

4 Gib in Milliliter an.

a)	b)
1,758 l	0,750 l
5,670 l	0,250 l
6,5 l	0,5 l
12,050 l	0,2 l
15,7 l	0,33 l
15,750 l	0,25 l
15,008 l	0,002 l

5 Gib in Liter an. Schreibe mit Komma.

a) 5 600 ml; 8 730 ml; 1 605 ml; 17 003 ml
b) 1 000 ml; 250 ml; 50 ml; 500 ml; 5 ml

6 Gib in zwei Einheiten an.

a) 5,653 l; 4,5 l; 0,75 l; 0,1 l; 0,010 ml
b) 1 500 ml; 6 430 ml; 1 065 ml; 2 005 ml

7 Eine Kuh gibt im Durchschnitt 25 l Milch pro Tag. Wie viele kleine Milchpäckchen (0,2 l) können damit gefüllt werden?

1: Milliliter als Einheit des Rauminhalts kennenlernen
2 bis 6: Größenangaben umwandeln
7: Inhalt erfassen; Aufgabe finden, lösen und antworten

AH 29 | TÜ 37

1 Wandle zuerst in Milliliter um, vergleiche dann.

a)			b)		
0,1 l	◯	250 ml	$\frac{1}{2}$ l	◯	700 ml
3 l	◯	300 ml	750 ml	◯	$\frac{3}{4}$ l
0,2 l	◯	200 ml	0,33 l	◯	0,25 l
1 ml	◯	1 l	$\frac{1}{4}$ l	◯	300 ml
750 ml	◯	0,75 l	0,7 l	◯	750 ml

MERKE DIR

$\frac{1}{2}$ l = 500 ml
$\frac{1}{4}$ l = 250 ml
$\frac{3}{4}$ l = 750 ml

2 Wie viel Milliliter fehlen zu einem Liter?

Schreibe so: 150 ml + ☐ ml = 1 l

a) 150 ml b) 465 ml c) $\frac{1}{2}$ l d) 879 ml e) $\frac{1}{4}$ l f) 38 ml g) 6 ml h) $\frac{3}{4}$ l

3 Maria und ihre Mutti kaufen Getränke für eine Geburtstagsparty ein. Sie kaufen 4 Flaschen Mineralwasser (je 0,75 l) und 3 Flaschen Apfelschorle (je 1,5 l).
Wie viel Liter Getränke haben sie insgesamt gekauft?

4 Die Klasse 4b erhielt in der letzten Woche folgende Pausengetränke in Päckchen zu 0,25 l:
5 Kakao, 3 Erdbeermilch, 6 Vanillemilch.

a) Wie viel Liter wurde an einem Tag getrunken?
b) Wie viel Liter waren es in einer Woche (5 Tage)?

5 Eine Person verbraucht etwa 150 l Wasser am Tag.
Wie viel Liter sind es in einem 4-Personen-Haushalt

a) an einem Tag,
b) in einer Woche?

6 Wo könnte man im Haushalt Wasser sparen?
Beratet euch und macht Vorschläge.

7 Berechne:

a) das Doppelte von $\frac{1}{2}$ l; $\frac{1}{4}$ l; $\frac{3}{4}$ l b) das Fünffache von $\frac{1}{4}$ l; $\frac{3}{4}$ l; 1,5 l

1: Größenangaben vergleichen 2: Zu 1 l ergänzen 3 bis 5: Inhalt erfassen; Aufgaben finden, lösen und antworten 6: Beispiele zum sparsamen Verbrauch von Wasser finden
7: Vorstellungen von Brüchen anwenden

Größenangaben in Kommaschreibweise

1 Max hat 250 € gespart. Davon kauft er eine Spielkonsole für 149,99 € und zwei Spiele für je 37,49 €.
Er überschlägt, ob sein Geld reicht.
150 € + 40 € + 40 € = 230 €

Auf dem Kassenzettel steht:

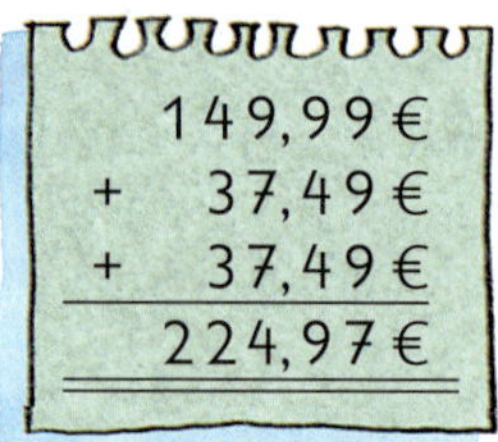

	149,99 €
+	37,49 €
+	37,49 €
	224,97 €

a) Erkläre, wie gerechnet wurde und worauf du achten musst.
b) Max jubelt. Er behält noch Geld übrig. Wie viel?
Erkläre auch hier deinen Rechenweg.

2 Überschlage zuerst, rechne dann.

a)	b)	c)
213,25 € + 25,60 €	5,675 km + 4,320 km	5,220 kg + 6,250 kg
69,99 € + 46,55 €	9,850 km + 7,505 km	18,5 kg + 29,250 kg
250,49 € − 125,60 €	12,432 km − 6,750 km	25 kg − 15,250 kg
835,14 € − 64,00 €	75,5 km − 18,320 km	14,737 kg − 6 kg

3 Gib in Meter an.
Schreibe so:

4,540 km = 4 km 540 m
4,540 km = 4540 m

a)	b)	c)
7,450 km	2,5 km	454,454 km
6,055 km	0,360 km	318,029 km
67,806 km	0,045 km	74,006 km
646,670 km	0,004 km	909,909 km

4 Rechne in Kilometer um.
Schreibe mit Komma.

a)	b)
2 km 360 m	1435 m
5 km 80 m	35617 m
75 km 99 m	910 m
230 km 5 m	15 m

5 Rechne in Kilogramm um.
Schreibe mit Komma.

a)	b)
6 kg 500 g	7837 g
18 kg 365 g	16505 g
5 kg 60 g	25008 g
12 kg 4 g	500 g

6 Ein kleiner Lkw wiegt etwa 3,5 t.
a) Darf er mit einer Ladung von 1495 kg über eine Brücke fahren, die nur bis 5,5 t zugelassen ist?
b) Begründe deine Antwort.

1: Rechnung nachvollziehen und selbst auf die Subtraktion übertragen
2: Überschlagen und Rechnen 3 bis 5: Größenangaben umwandeln
6: Inhalt erfassen; Aufgabe finden, lösen und antworten

AH 30 | TÜ 38

Sachaufgaben – Rechnen mit Größenangaben

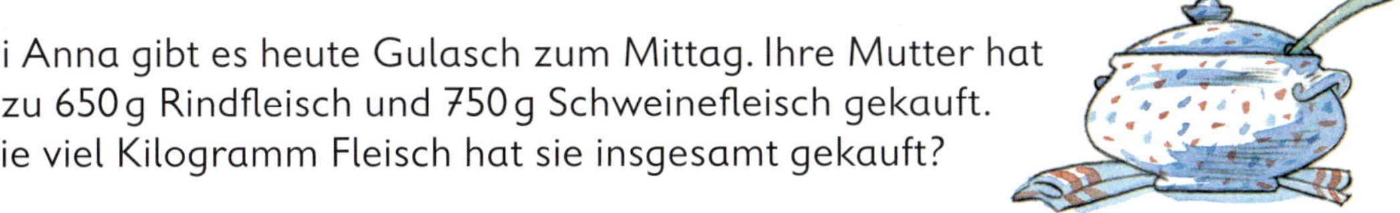

1 Bei Anna gibt es heute Gulasch zum Mittag. Ihre Mutter hat dazu 650 g Rindfleisch und 750 g Schweinefleisch gekauft. Wie viel Kilogramm Fleisch hat sie insgesamt gekauft?

2 Auf einer Autobahn steht dieses Schild:

a) Wie viel Meter ist die Baustelle lang?
b) In der nächsten Woche soll sie um 2 km 600 m verkürzt werden. Wie lang ist sie dann noch?
c) Die Baustelle auf einer anderen Autobahn ist nur halb so lang wie diese.

3 Während einer Autofahrt blinkt plötzlich die Tankanzeige. Jetzt sind noch 5 l Benzin im Tank. Herr Zügig hat beim letzten Tanken festgestellt, dass er mit 40 l Benzin 480 km weit fahren kann. Wie viel Kilometer kann er jetzt noch fahren?

4

Der Wasserhahn im Badezimmer tropft. In jeder Sekunde verliert er einen Tropfen. Wie viel Milliliter Wasser sind das in

a) einer Minute,
b) einer Stunde?

5 Der längste Fluss der Welt ist der Nil in Afrika. Er ist 6 670 km lang. Der längste Fluss Deutschlands, der Rhein, hat eine Gesamtlänge von 1 233 km.

6 Die Klasse 4a hat in den Ferien eine Fahrradtour gemacht. Insgesamt sind die Kinder 120 km gefahren. Am ersten Tag radelten sie 20 km weit. Die restliche Strecke legte die Klasse in den nächsten 4 Tagen zu gleichen Teilen zurück. Wie viel Kilometer sind die Kinder an jedem dieser 4 Tage gefahren?

1 bis 6: Inhalt der Texte erfassen;
Aufgaben finden, lösen und antworten

Vierecke – Dreiecke

1

a) Zwei, drei oder vier Figuren ergeben zusammengelegt ein Quadrat oder ein Rechteck. Welche Figuren gehören zusammen?

Schreibe so: Quadrate: ☐ und ☐, … Rechtecke: ☐ und ☐, …

b) Überprüfe. Zeichne dazu die Figuren auf Kästchenpapier und schneide sie dann aus. Lege die Quadrate und Rechtecke.

c) Zeichne freihand zwei Vierecke und zwei Dreiecke.

2 Wie viele Dreiecke, Rechtecke und Quadrate erkennst du? Schreibe die Anzahl auf und benenne die Figuren mit ihren Eckpunkten.

Schreibe so:
☐ Dreiecke: ABC, ☐☐☐, …
☐ Rechtecke: ABGF, ☐☐☐☐, …
☐ Quadrate: ☐☐☐☐

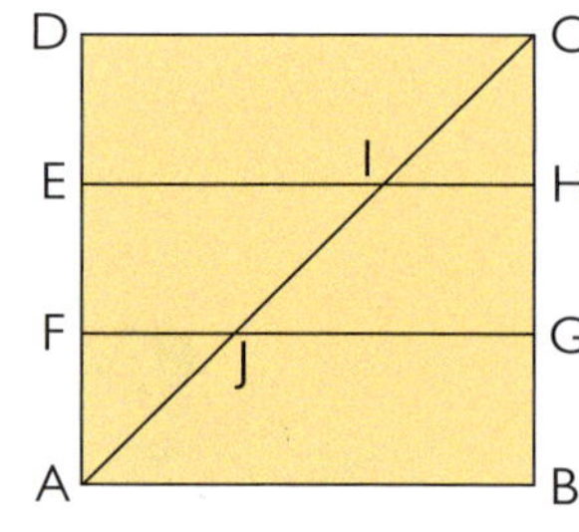

3 Legt mit Stäbchen.

a) Das Viereck hat vier rechte Winkel. Alle vier Seiten sind gleich lang.
b) Das Viereck hat keinen rechten Winkel.
Je zwei gegenüberliegende Seiten sind zueinander parallel.
c) Das Viereck hat vier verschieden lange Seiten.
d) Das Dreieck hat einen rechten Winkel und zwei Seiten sind gleich lang.
e) Das Dreieck hat drei gleich lange Seiten.
f) Das Dreieck hat einen rechten Winkel und drei verschieden lange Seiten.

1: Zusammengehörige Figuren erkennen und legen
2: Anzahl bestimmen und Figuren mit den Eckpunkten benennen
3: Figuren nach Vorgabe mit Stäbchen legen; verschiedene Möglichkeiten erörtern

AH 31 | **TÜ** 39

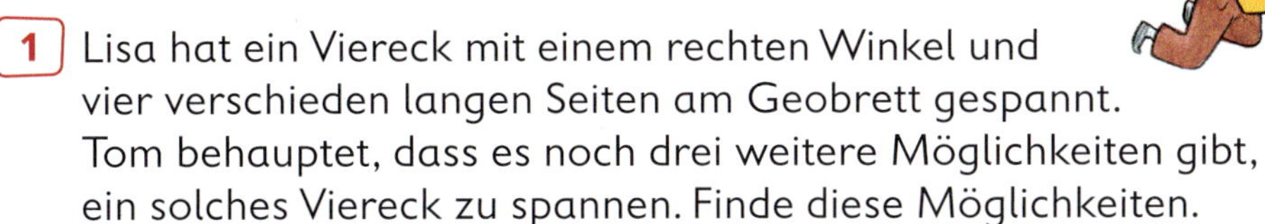

1 Lisa hat ein Viereck mit einem rechten Winkel und vier verschieden langen Seiten am Geobrett gespannt. Tom behauptet, dass es noch drei weitere Möglichkeiten gibt, ein solches Viereck zu spannen. Finde diese Möglichkeiten.

2 Faltet oder zeichnet.

a) Aus einem Quadrat sollen zwei Figuren gefaltet werden.

A 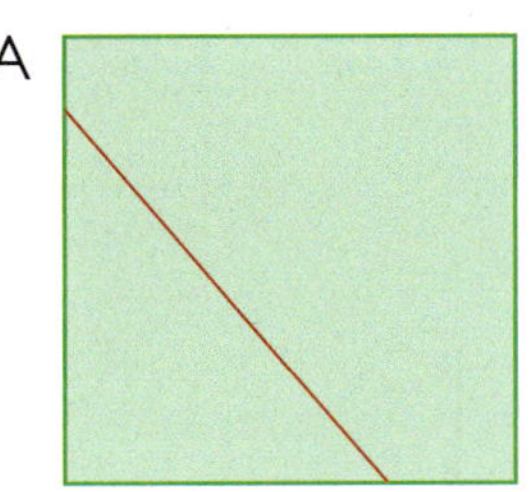 B 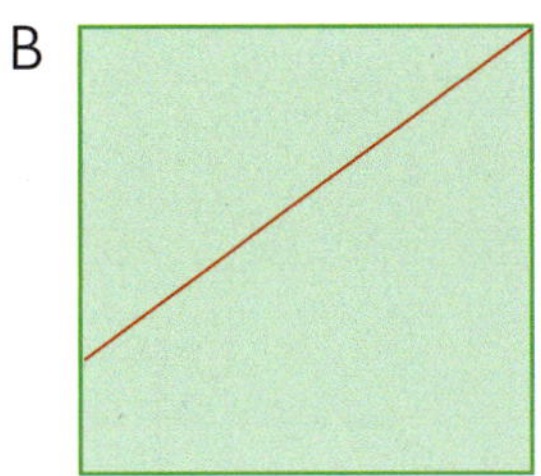 C 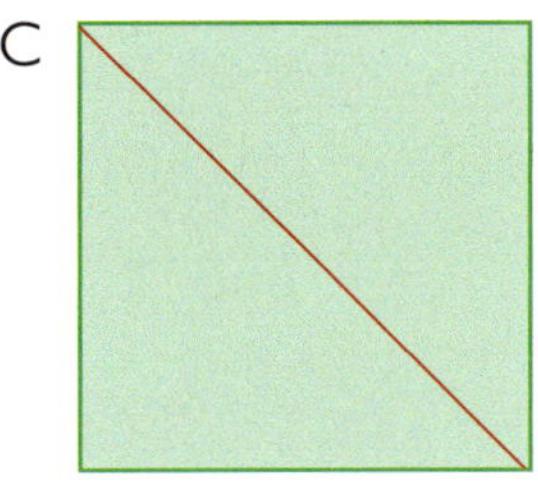 D 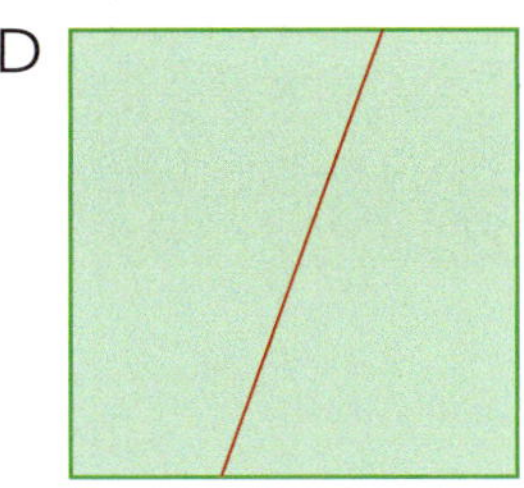

Die Kinder haben diese Figuren gefaltet. Ordne die Figuren A, B, C, und D den Kindern zu.

b) Aus einem Rechteck sollen drei Figuren gefaltet werden.

E 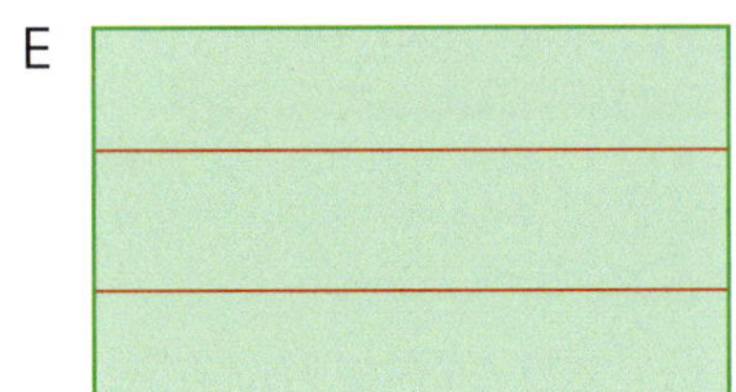 F 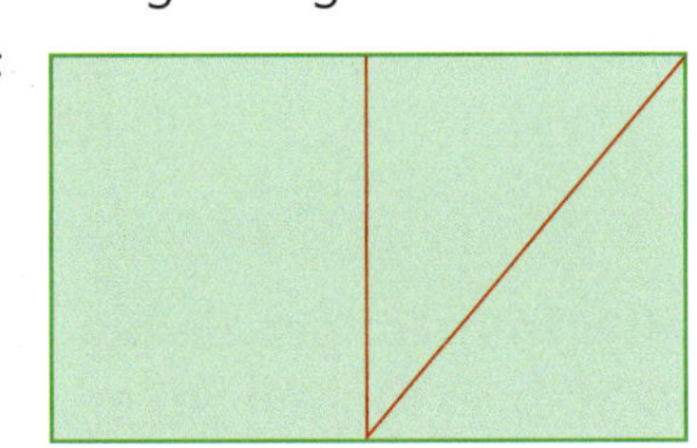 G 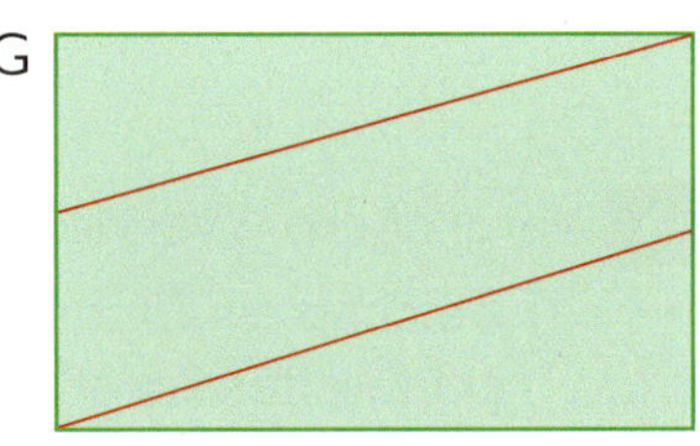

Die Kinder haben diese Figuren gefaltet.
Ordne die Figuren E, F, und G den Kindern zu.

Ich habe zwei Dreiecke und ein Rechteck hergestellt.

Bei mir sind drei Rechtecke entstanden.

Finde weitere Möglichkeiten.

1: Weitere Möglichkeiten für das Spannen von Vierecken finden
2: Nachfalten oder zeichnen, Aussagen zuordnen

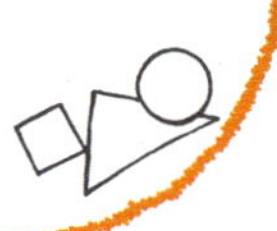

Zeichnen von Rechtecken und Quadraten

1 Zeichne ein Rechteck mit den Seitenlängen 6 cm und 4 cm.
So kannst du mit dem Geodreieck arbeiten:

1. Zeichne die Strecke $\overline{AB}$ = 6 cm.
2. Zeichne Senkrechte zur Strecke $\overline{AB}$ durch die Punkte A und B.
3. Trage auf den Senkrechten die Strecken $\overline{BC}$ und $\overline{AD}$ mit der Länge 4 cm ab.
4. Verbinde die Punkte C und D. ABCD ist das Rechteck mit den Seitenlängen 6 cm und 4 cm.

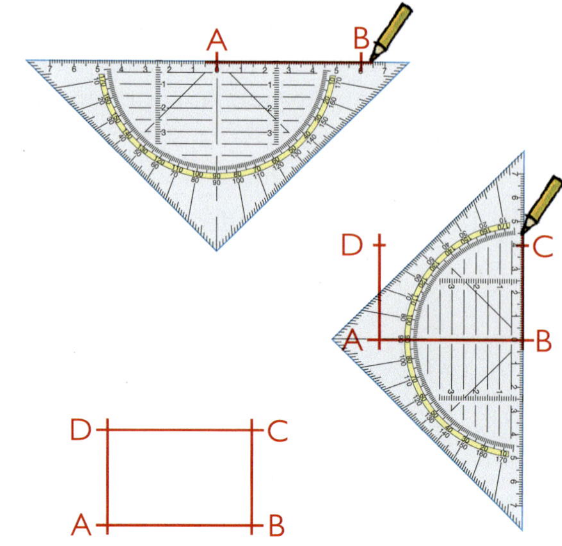

2 Zeichne nach der gleichen Schrittfolge Rechtecke mit den Seitenlängen:

a) 5 cm und 3 cm
b) 75 mm und 55 mm
c) 4,8 cm und 8,5 cm
d) 8 cm und 5,2 cm
e) 28 mm und 6 cm
f) 4,7 cm und 72 mm

3 Zeichne Quadrate mit den Seitenlängen:

a) 5 cm
b) 65 mm
c) 6,1 cm
d) 7,5 cm
e) 48 mm
f) 59 mm

4 Vergrößern – Verkleinern

a) Zeichne ein Quadrat mit 80 mm langen Seiten und ein zweites Quadrat mit halb so langen Seiten. Was stellst du beim Vergleichen dieser Quadrate fest?

b) Zeichne ein Rechteck mit den Seiten $\overline{AB}$ = 4 cm und $\overline{BC}$ = 4,4 cm und ein zweites Rechteck mit doppelt so langen Seiten. Vergleiche diese beiden Rechtecke und sprich darüber.

1. Verdopple: 2 cm, 15 mm, 4,5 cm.
2. Halbiere: 40 mm, 6 cm, 8,4 cm.
3. Zeichne eine Strecke $\overline{AB}$ = 52 mm. Zeichne zwei weitere Strecken:
   a) doppelt so lang wie $\overline{AB}$
   b) halb so lang wie $\overline{AB}$

1: Schrittfolge nachvollziehen 2: Rechtecke nach der Schrittfolge zeichnen
3: Schrittfolge für das Zeichnen von Rechtecken auf das Zeichnen von Quadraten übertragen
4: Quadrate/Rechtecke nach Vorgabe zeichnen

AH 32 | TÜ 40

MERKE DIR

Ein **Parallelogramm** ist ein Viereck, bei dem die gegenüberliegenden Seiten zueinander parallel sind.

1 Übertrage ins Heft und vervollständige zu Parallelogrammen.

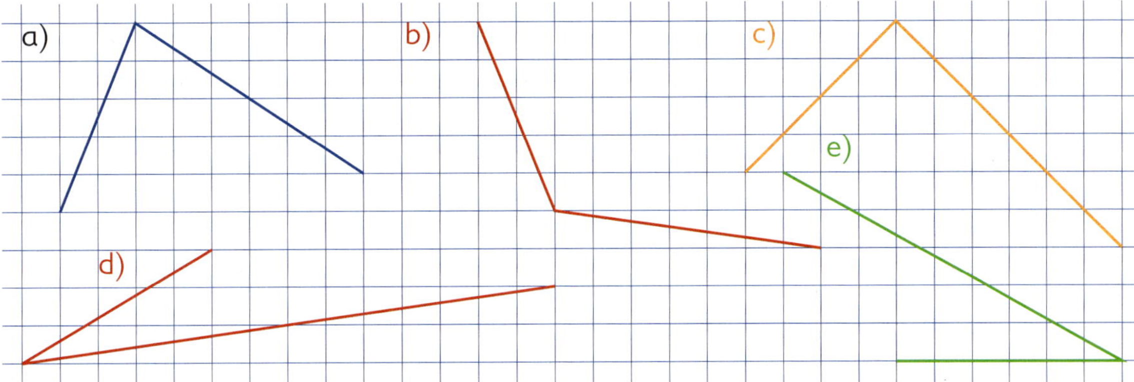

2 Welche Figuren sind Parallelogramme?
Überprüfe mit dem Geodreieck.

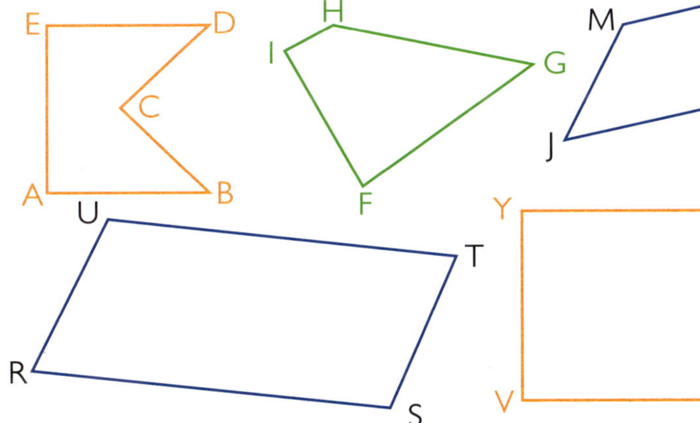

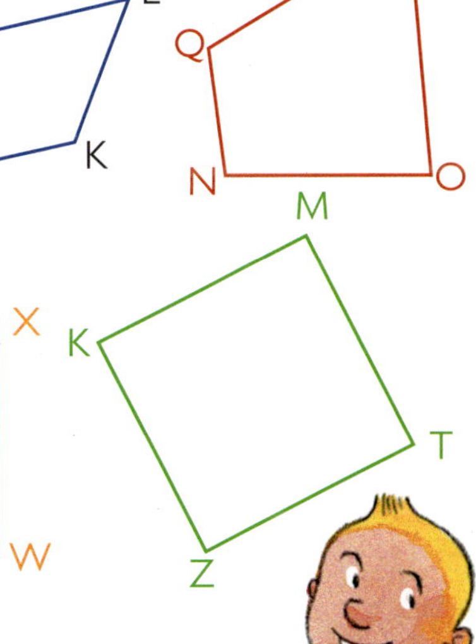

3 Zeichne mit dem Geodreieck vier Parallelogramme.
Miss die Länge der Seiten. Was stellst du fest?

4 Wann nennt man ein Parallelogramm „Rhombus“ oder „Raute“?

a) Zeichne ein solches Parallelogramm.

b) Welche der Figuren in der Aufgabe 2 ist ein Rhombus?

Suche im Internet oder im Lexikon die Begriffe „Rhombus“ und „Raute“. Lass dir dabei von deinen Eltern helfen.

1: Zu Parallelogrammen vervollständigen 2: Parallelogramme identifizieren
3: Parallelogramme zeichnen, Seiten messen; Erkennen, dass gegenüberliegende Seiten gleich lang sind
4: Besonderheit (vier gleich lange Seiten) ermitteln; Rhombus zeichnen

Trapeze

Das **Trapez** ist ein Viereck, bei dem mindestens zwei gegenüberliegende Seiten parallel sind. **MERKE DIR**

1 Welche Figuren sind Trapeze? Begründe.

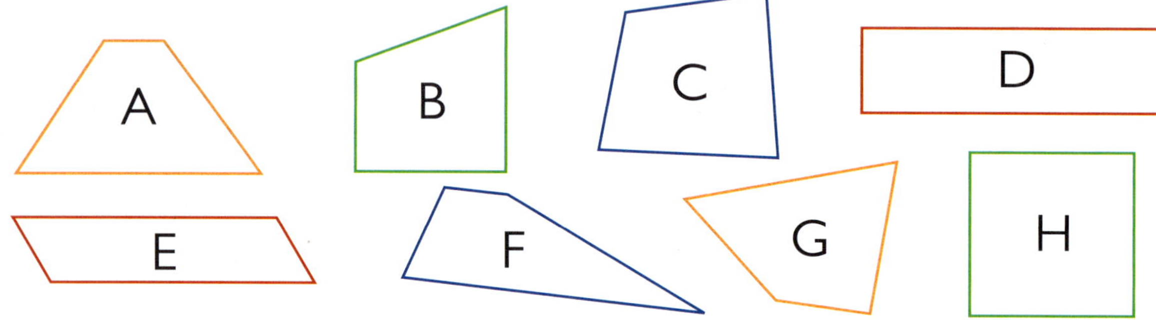

2 Wie viele Trapeze findest du in dieser Figur?

3 Wahr oder falsch? Begründe und zeichne die Figur.

a) Ein Quadrat ist auch ein Trapez.
b) Jedes Trapez ist auch ein Rechteck.
c) Ein Trapez kann einen rechten Winkel haben.
d) Ein Rechteck ist auch ein Trapez.
e) Jedes Trapez ist auch ein Parallelogramm.
f) Ein Trapez kann drei rechte Winkel haben.

4 Lege mit dem Gliedermaßstab.
a) verschiedene Trapeze
b) verschiedene Quadrate, Rechtecke und Parallelogramme

1: Trapeze identifizieren 2: Trapeze erkennen; Anzahl angeben 3: Entscheidung mit Zeichnung begründen 4: Verschiedene Figuren (Form, Größe) mit dem Gliedermaßstab legen (falten)

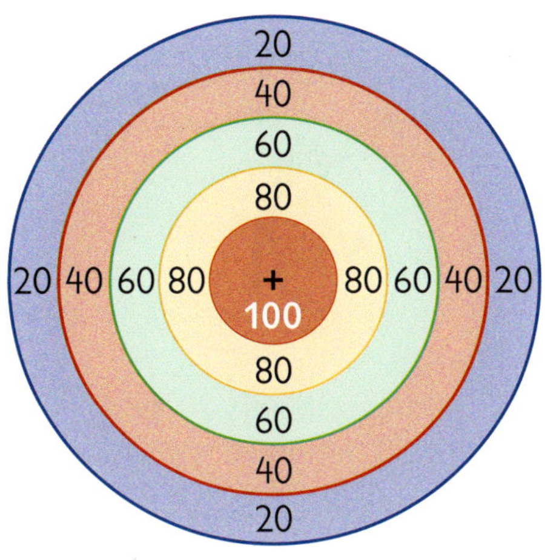

1 Miss die Durchmesser der Kreisscheiben. Fertige dir dazu eine Tabelle an.

Scheibe	Durchmesser
20	▢ mm = ▢ cm
40	▢ mm = ▢ cm
⋮	⋮

2 a) Zeichne in einen Kreis mit einem Radius von 3,5 cm zwei Durchmesser so ein, dass sie zueinander senkrecht sind.
b) Verbinde die Endpunkte der Durchmesser zu einem Viereck und miss die Länge der Seiten dieses Vierecks.
c) Wie heißt das Viereck?

3 Welche Kreise passen genau in eines der Quadrate? Begründe.

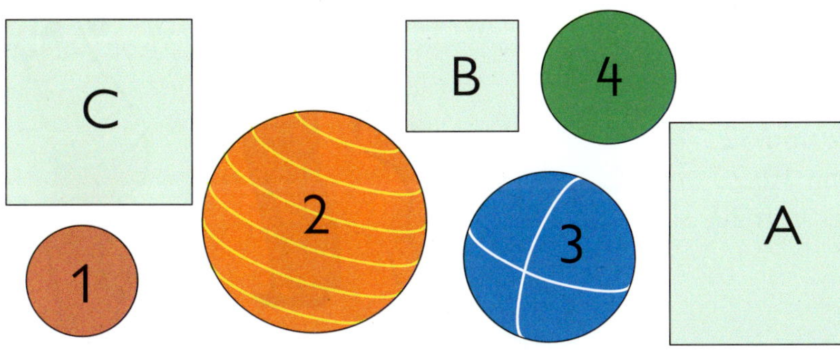

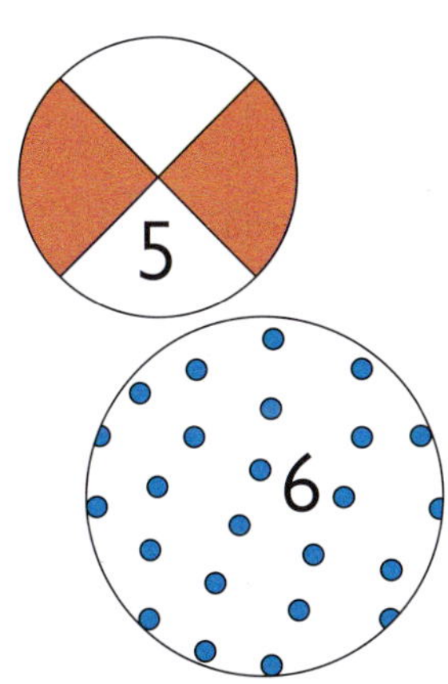

4 Zeichne mit Hilfe eines Bechers einen Kreis. Schneide den Kreis aus. Überlege, wie du den Mittelpunkt dieses Kreises finden kannst.

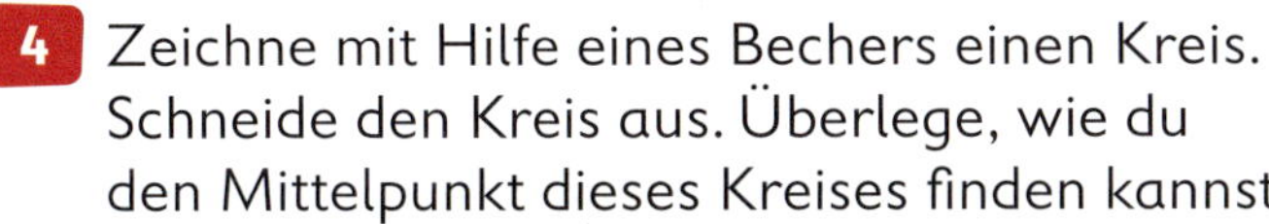

WIEDERHOLE

1. Berechne den Radius: d = 44 mm, d = 26 cm, d = 2,8 cm.
2. Berechne den Durchmesser: r = 4,5 cm, r = 16 mm, r = 7 cm.

1: Durchmesser bestimmen 2: Kreis und Quadrat nach Vorgaben zeichnen; Seitenlänge messen 3: Kreise den Quadraten zuordnen
4: Kreis zeichnen und ausschneiden; Mittelpunkt durch Falten (Durchmesser) bestimmen

Vielfache und Teiler

1 a) Schreibe alle Vielfachen von 7 auf, die kleiner als 65 und größer als 20 sind.
b) Schreibe alle Vielfachen von 9 auf, die zwischen 25 und 80 liegen.

2 a) Schreibe alle gemeinsamen Vielfachen von 4 und 6 auf, die kleiner als 72 sind.
b) Schreibe alle gemeinsamen Vielfachen von 2, 3 und 8 auf, die kleiner als 100 sind.

3 Nenne alle Teiler der Zahlen
a) 56, b) 49, c) 64, d) 81, e) 70.

Begründe so: 8 ist Teiler von 32, weil 32 : 8 = 4.

Tipp:
Es gibt eine Zahl, die ist Teiler jeder Zahl.

4 Überprüfe und begründe.
a) 3 und 4 sind Teiler von 24.
b) 6 ist Teiler von 54, 42 und 32.
c) 2 und 5 sind Teiler von 10, 20 und 30.
d) 2, 5 und 10 sind Teiler von 20, 30, 40 und 50.

5 Wahr oder falsch?
Wenn es falsch ist, begründe mit einem Beispiel.
a) Alle Zahlen, die Vielfaches von 8 sind, sind auch Vielfaches von 4.
b) Es gibt Zahlen, die Vielfache von 3 und Vielfache von 7 sind.
c) Alle Zahlen, die den Teiler 5 haben, lassen sich durch 10 dividieren.
d) Es gibt Zahlen, die haben nur 1 und sich selbst als Teiler.
e) Jede gerade Zahl hat den Teiler 2.

6 Lisa hat ein Kartenspiel mit weniger als 30 Karten.
Diese verteilt sie gleichmäßig an Kinder ihrer Klasse.
Ben beobachtet sie dabei und stellt fest:
Es ist egal, ob Lisa die Karten gleichmäßig an 3, 4 oder 6 Kinder verteilt, immer bleiben zwei Karten übrig.
Wie viele Karten hat Lisa verteilt?

1 und 2: Vielfache einer Zahl ermitteln 3 und 4: Teiler finden und begründen
5: Aussagen überprüfen 6: Anzahl der Karten über die Vielfachen von 3, 4 und 6 ermitteln

1

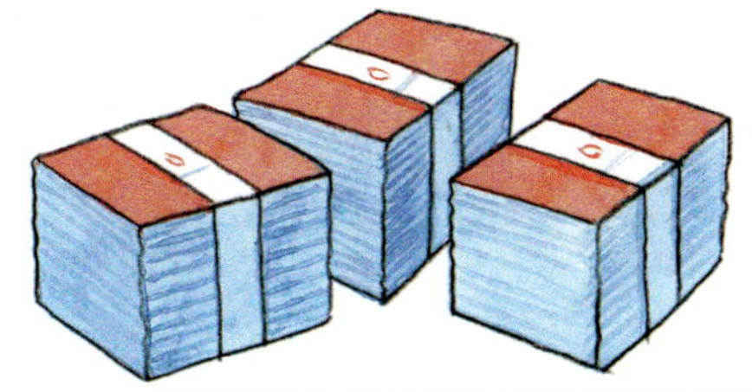

3 · 10 = ☐ 3 · 100 = ☐ 3 · 1 000 = ☐

3 · 10 000 = ☐ 3 · 100 000 = ☐

2

a)	b)	c)	d)	e)
23 · 10	4 · 100	6 · 1 000	9 · 10 000	5 · 100 000
254 · 10	54 · 100	28 · 1 000	82 · 10 000	7 · 100 000
3 683 · 10	356 · 100	452 · 1 000	36 · 10 000	10 · 100 000
14 389 · 10	2 847 · 100	847 · 1 000	75 · 10 000	0 · 100 000

4 · 8 000
4 · 8 = 32
4 · 8 000 = 32 000

6 · 30 000
6 · 3 = 18
6 · 30 000 = 180 000

3

a)	b)	c)	d)	e)
4 · 8	7 · 3	9 · 5	7 · 6	8 · 4
4 · 80	70 · 3	90 · 5	7 · 60	8 · 40
4 · 800	700 · 3	900 · 5	7 · 600	8 · 400
4 · 8 000	7 000 · 3	9 000 · 5	70 · 600	80 · 400
4 · 80 000	70 000 · 3	90 000 · 5	700 · 600	800 · 400

4

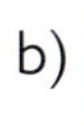

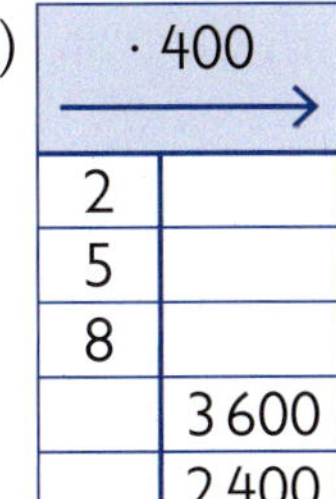

a)

· 400 →	
2	
5	
8	
	3 600
	2 400

b)

· 8 000 →	
5	
9	
7	
	64 000
	48 000

c)

· 6 000 →	
	48 000
7	
9	
6	
	24 000

d)

· 70 000 →	
3	
7	
9	
5	
10	

e)

· 90 000 →	
	450 000
	720 000
3	
7	
4	

WIEDERHOLE

1.	2.	3.	4.	5.	6.
7 · 80	80 · 6	20 · 5	300 · 2	20 · 30	23 · 10
4 · 90	30 · 9	70 · 3	400 · 2	40 · 20	65 · 10
3 · 60	50 · 4	50 · 7	500 · 2	50 · 20	44 · 10

1 und 2: Multiplizieren mit 10, 100, 1 000, 10 000, 100 000
3 und 4: Multiplizieren mit Vielfachen von 10, 100, 1 000, 10 000

1 In der Waldschule nehmen 210 Kinder an der Schulspeisung teil.
An 3 Tagen in dieser Woche soll jedes Kind einen Joghurt als Nachtisch erhalten.
Wie viele Becher Joghurt müssen bestellt werden?

Ü: 3 · 210 = ☐
3 · 210
3 · 200 = ☐
3 · 10 = ☐
3 · 210 = ☐

Du kannst auch kürzer schreiben:

3 · 210
600 + 30 = ☐

2

a)	b)	c)	d)	e)
4 · 380	4 · 620	4 · 2800	3 · 35000	4 · 56000
6 · 270	6 · 510	6 · 8300	5 · 28000	6 · 72000
5 · 420	5 · 730	5 · 5700	7 · 42000	2 · 99000
7 · 560	7 · 3200	7 · 6200	9 · 81000	5 · 43000
8 · 310	8 · 2100	8 · 9400	6 · 27000	8 · 65000

3 Rechne vorteilhaft.

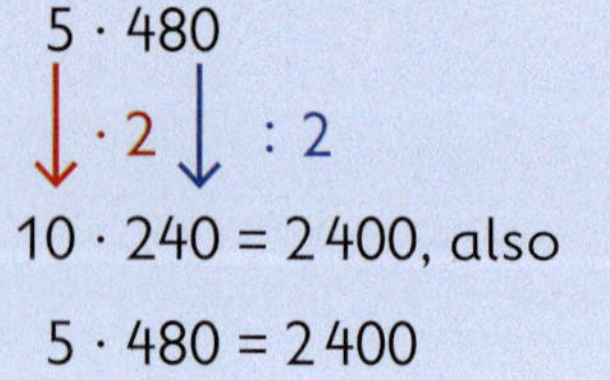

Ich multipliziere mit 10 und halbiere dann das Ergebnis.

10 · 480 = 4800
4800 : 2 = 2400

a) Rechne.

5 · 360 5 · 720 5 · 840 5 · 1400 2600 · 5 8200 · 5

b) Erkläre deinem Lernpartner, wie du vorteilhaft mit 50 und 500 multiplizierst.

50 · 320 50 · 440 50 · 620 500 · 82 500 · 48 500 · 280

4 Auch hier kannst du vorteilhaft rechnen.

18 · 25 · 4
25 · 4 = 100
18 · 100 = 1800
18 · 25 · 4 = 1800

a)	b)	c)
36 · 50 · 2	5 · 661 · 200	500 · 47 · 2
5 · 18 · 20	4 · 250 · 38	71 · 5 · 200
200 · 124 · 5	50 · 809 · 2	50 · 91 · 20
16 · 4 · 25	5 · 20 · 311	2 · 63 · 500

WIEDERHOLE

1.	2.	3.	4.	5.
25 · 2	220 · 2	380 · 5	2600 : 2	24000 : 2
25 · 4	220 · 4	4320 · 3	4800 : 2	36000 : 2

1 und 2: Multiplizieren mit Vielfachen von 10, 100, 1000
3 und 4: Vorteilhaftes Rechnen

AH 37 | TÜ 43

3200 : 8 = ☐

Ich rechne
erst die bekannte Aufgabe
32 : 8 = 4,
dann übertrage ich das Ergebnis
320 : 8 = 40
3200 : 8 = 400.

1 Setze fort.

	a)	b)	c)
36 : 6	49 : 7	27 : 3	56 : 8
360 : 6	490 : 7	270 : 3	560 : 8
3600 : 6	4900 : 7	2700 : 3	5600 : 8
36000 : 6	…	…	…
360000 : 6			

d) 35 : 5 … e) 28 : 4 … f) 72 : 9 …

Ich rechne:
4800 : 8 = 600
4800 : 80 = 60
4800 : 800 = 6

2

a)	b)	c)	d)
2800 : 7	6300 : 9	4000 : 5	5400 : 6
2800 : 70	6300 : 90	4000 : 50	5400 : 60
2800 : 700	6300 : 900	4000 : 500	5400 : 600

3

a)	b)	c)	d)
8000 : 400	2800 : 700	420000 : 700	350000 : 500
1500 : 500	12000 : 400	210000 : 300	180000 : 200
2400 : 300	36000 : 600	320000 : 400	360000 : 600
7200 : 800	81000 : 900	640000 : 800	720000 : 900

3 4 8 9 20 30 60 90 600 600 700 700 800 800 800 900

WIEDERHOLE

1.	2.	3.	4.	5.
24 : 4	42 : 6	48 : 8	18 : 2	42 : 7
56 : 7	27 : 3	54 : 9	72 : 9	24 : 3
63 : 9	49 : 7	36 : 6	48 : 6	64 : 8
30 : 5	28 : 4	32 : 4	56 : 8	45 : 5

1 bis 3: Analogieaufgaben aus dem kleinen Einmaleins beim Dividieren nutzen

1 a) 880 : 80
360 : 30
780 : 60
700 : 50

b) 5 500 : 500
7 200 : 600
9 600 : 800
9 800 : 700

c) 27 900 : 900
15 900 : 300
26 400 : 600
25 600 : 800

11	11	12	12
12	13	14	14
31	32	44	53

2 Rechne im Kopf oder halbschriftlich.

a) 1 680 : 40
1 890 : 30
3 240 : 60
2 970 : 90

b) 2 450 : 50
2 640 : 80
1 320 : 20
3 010 : 70

c) 11 200 : 200
18 800 : 400
30 600 : 900
25 500 : 500

d) 29 400 : 700
40 200 : 600
58 400 : 800
27 600 : 300

3 Bens Familie kauft sich eine neue Küche für 4 600 €. Sie kann den Kaufpreis in zwanzig oder in zehn Raten zahlen. Wie groß ist jeweils eine Rate?

4 Finde die Aufgaben und löse sie.

Dividiere die Summe der Zahlen 770 und 990 durch 40.

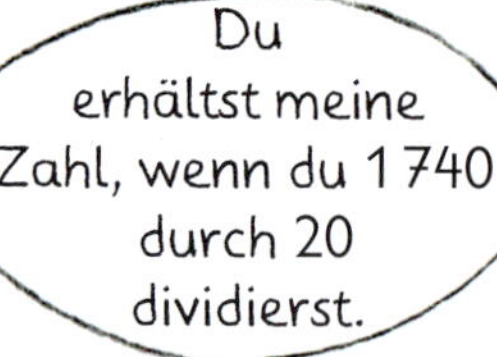

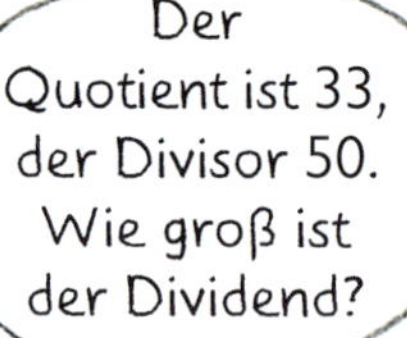

Ermittle den Quotienten von 2 320 und 80.

1 bis 2: Divisionsaufgaben lösen 3: Inhalt erfassen; Aufgaben finden, lösen und antworten
4: Aufgaben bilden und lösen

AH 38 | TÜ 44

1 Löse die Aufgabe. Verdopple dann den Dividenden und den Divisor. Löse die neue Aufgabe und vergleiche die Ergebnisse.

Was stellst du fest?

a)	b)	c)	d)
300 : 5	450 : 5	6 000 : 50	35 000 : 500
400 : 5	650 : 5	3 500 : 50	25 000 : 500
100 : 5	550 : 5	7 500 : 50	45 000 : 500
600 : 5	150 : 5	4 500 : 50	75 000 : 500

2 So rechnest du vorteilhaft.
Erkläre deinem Lernpartner, wie hier gerechnet wurde.

570 : 30
600 : 30 = 10
30 : 30 = 1
10 − 1 = 9
570 : 30 = 9

Rechne auch so.

a)	b)	c)	d)
480 : 20	750 : 50	3 600 : 400	38 000 : 2 000
760 : 40	810 : 90	5 400 : 600	72 000 : 8 000
540 : 60	630 : 70	1 800 : 200	27 000 : 3 000
270 : 30	720 : 80	4 500 : 500	54 000 : 6 000

3 Wahr oder falsch?

a) Bei der Aufgabe 430 : 100 bleibt ein Rest.
b) Die Umkehraufgabe zur Aufgabe 72 000 : 900 ist die Aufgabe 8 · 9 000.
c) Die Umkehraufgabe zur Aufgabe 500 · 9 ist 45 000 : 9.
d) Jede Zahl, die durch 50 teilbar ist, ist auch durch 100 teilbar.

4 Welche Zahlen kannst du für die Variablen a, b, x und y einsetzen, damit die Gleichung oder die Ungleichung richtig ist?

a) $6 \cdot a = 420$ b) $6\,400 : b = 800$ c) $240 : 10 > x$ d) $y \cdot 400 < 2\,400$

5 Bens Bruder kauft ein gebrauchtes Auto für 8 100 €. Beim Kauf zahlt er 2 700 €. Den Rest des Kaufpreises will er in 6 gleichen Monatsraten bezahlen.

a) Wie viel Euro beträgt eine Monatsrate?
b) Wie viele Monatsraten müsste er bezahlen, wenn die Rate nur 450 € betragen soll?

1: Dividieren; dabei erkennen: Beim Verdoppeln von Dividend und Divisor bleibt das Ergebnis gleich.
2: Rechenvorteile nutzen 3: Aussagen begründen 4: Lösungen finden
5: Inhalt erfassen; Aufgaben finden, lösen und antworten

Freundeseiten – Lernen mit dem Partner oder in der Gruppe

Das Gewicht von Tieren

1

Gib das Gewicht dieser Tiere in Kilogramm (kg) und in Tonnen (t) an.

Schreibe so: Esel: 250 kg = 0,250 t

2 Nenne drei Tiere:

a) die mehr als eine Tonne wiegen,
b) die weniger als ein Kilogramm wiegen.

Schreibe die Namen und das Gewicht der Tiere auf.

Schreibe so: Sperling: 28 g = 0,028 kg

Tipp:
- Sucht im Lexikon und im Internet.
- Vergleicht die Ergebnisse in der Lerngruppe.
- Sprecht über die Unterschiede.

3 Gib das Gewicht der Tiere in Gramm (g) an.

1 Preise vergleichen

Im Supermarkt werden zwei Sorten Kräuterquark angeboten.
Das Gewicht der Becher ist nicht gleich.

1 Becher 1,65 €

1 000 g = 6,17 €

1 Becher 0,79 €

100 g = 0,56 €

Welches Angebot ist preisgünstiger?

2 Kräuterquark-Rezept

Lisa und Ben wollen für 12 Personen Kräuterquark herstellen.
Welche Mengen von diesen Zutaten benötigen sie?

Leckerer Kräuterquark
Rezept für 6 Personen
240 g Quark
120 g Joghurt
180 g süße Sahne
Frische Kräuter

3 Sonnenliegen verteilen

Der Bademeister stellt 16 Sonnenliegen auf.
Er verteilt sie so, dass an jeder Seite der Liegewiese die gleiche Anzahl von Liegen steht.
Übertrage die Zeichnungen in dein Heft.
Trage ein, wie viele Liegen auf den eingezeichneten Plätzen stehen.

An jeder Seite stehen

a) 5 Sonnenliegen

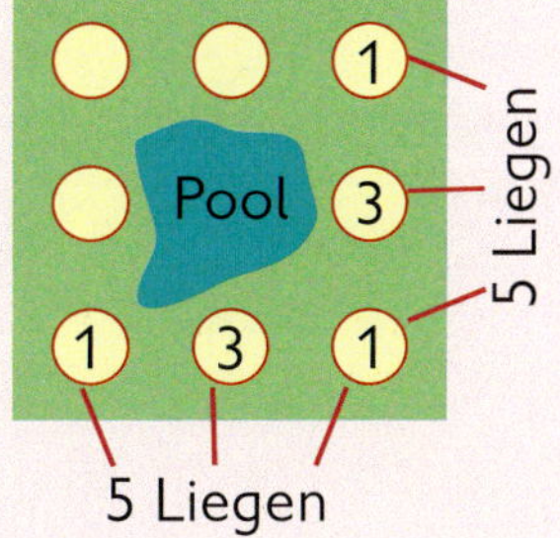

b) 6 Sonnenliegen

c) 7 Sonnenliegen

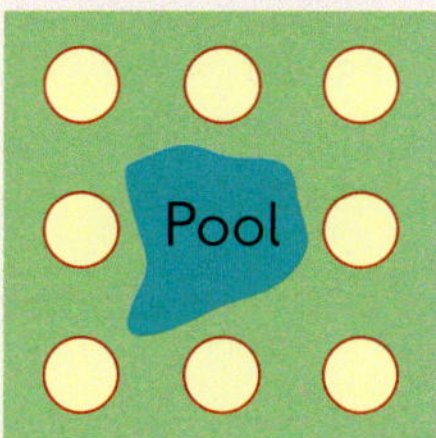

Kann ich das schon?

1 Ordne der Größe nach. Beginne mit der größten Masse.

2 100 kg | 1,020 kg | 2 kg 200 g | 1 202 g | 1 200 kg | 1 kg 22 g

2 Welche Massen sind gleich?

4,500 kg; 4 005 g; 4 kg 30 g; 0,003 kg; 4 kg 500 g; 4 003 g; 4 030 g; 4,005 kg; 3 g

3 Gib die Massen in verschiedenen Schreibweisen an.

a) 6,003 kg, 4 900 g, 600 g, 5 kg 3 g

b) 2,304 l, 5 000 ml, 6 l 40 ml, 3,002 l

c) 5,302 t, 7 254 kg, 809 kg, 0,063 t

Komma-schreibweise	eine Einheit	zwei Einheiten
4,002 kg …	4 002 g 3 200 g	4 kg 2 g …

4 Wandle um und vergleiche.

a) 6002 g ◯ 6 kg 20 g
5,400 kg ◯ 5004 g

b) 8 l 230 ml ◯ 8 023 ml
7,120 l ◯ 7 201 ml

c) 0,025 km ◯ 250 m
50 m ◯ 0,005 km

5 Überschlage zuerst, rechne dann.

a) 452,63 € + 35,70 €
24,651 km + 7,640 km
8,607 kg + 9 kg
86,092 l + 35 477 ml

b) 507,311 l − 34,596 l
99,483 kg − 71,205 kg
320,45 € − 82,36 €
80,007 km − 42,005 km

c) 7 005 g − 2,4 kg
92,45 € + 58 ct
0,963 km − 76 m
9 kg 8 g + 392 g

6 Zeichne ein Quadrat mit der Seitenlänge von 45 mm.

7 Zeichne ein Rechteck. Die Länge beträgt 5,5 cm, die Breite 30 mm.

8

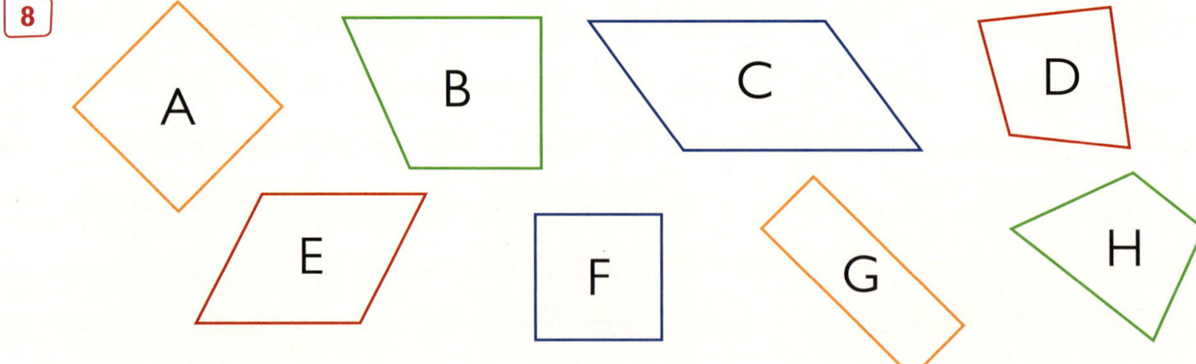

Welche Vierecke sind:

a) Trapeze, b) Rechtecke, c) Parallelogramme, d) Quadrate?

9 a) Schreibe alle Vielfachen von 6 auf, die zwischen 20 und 100 liegen.
b) Schreibe alle Vielfachen von 4 und 5 auf, die größer als 16 und kleiner als 80 sind.
c) Schreibe alle Zahlen zwischen 30 und 50 auf, die nicht Vielfache von 7 und 8 sind.

10 a) Nenne alle Teiler dieser Zahlen. 24 36 49 56 72

b) Von welchen Zahlen ist 3 nicht Teiler? Schreibe sie auf.

6 10 13 18 20 24 28 30 32 36 40

11

a)	b)	c)	d)
4 · 90	60 · 90	7 · 430	4 600 · 5
4 · 400	30 · 800	3 · 240	3 600 · 8
4 · 3 000	800 · 70	4 · 310	2 800 · 6
4 · 90 000	900 · 600	5 · 560	7 300 · 9

12 Rechne vorteilhaft.

2 · 32 · 25
64 · 5 · 200
50 · 38 · 20
72 · 4 · 25

13 Immer zwei Produkte sind gleich.

250 · 40 320 · 30 240 · 40
420 · 60 280 · 30 350 · 20
210 · 40 280 · 25 200 · 50 840 · 30

14

a)	b)	c)	d)
320 : 8	48 000 : 6	7 200 : 90	2 400 : 400
3 200 : 8	48 000 : 60	4 800 : 6	560 : 80
32 000 : 8	48 000 : 600	6 300 : 700	7 200 : 9
320 000 : 8	48 000 : 6 000	4 200 : 70	8 100 : 900

15 Berechne das Produkt aus den Zahlen 510 und 8 und addiere 4 250.

Berechne den Quotienten aus den Zahlen 3 600 und 4 und subtrahiere 382.

16 Berechne.

a) das Doppelte von	b) das Dreifache von	c) der 3. Teil von
4 200 g	520 €	1 200 ml
2 500 ml	3 600 g	3 000 km
8 500 €	710 ml	2 400 g
5 020 kg	8 030 km	2 700 €

17 a) Zeichne einen Kreis mit dem Radius r = 30 mm.
b) Zeichne einen Kreis mit demselben Mittelpunkt und dem Durchmesser von d = 8 cm.

Multiplizieren mehrstelliger Zahlen mit einstelligen Zahlen

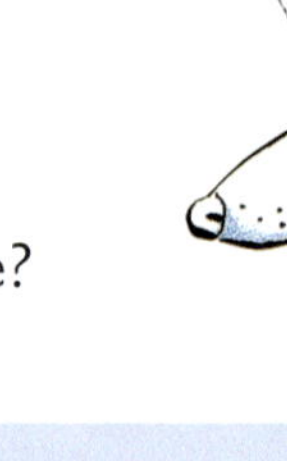

Der Tierpark in Waldesheim hatte vor 50 Jahren 321 Tiere.
Inzwischen sind es dreimal so viele.
Wie viele Tiere hat der Tierpark heute?
Erinnere dich, so kannst du rechnen:

Ü: 300 · 3 = 900

HZE	
321 · 3	3 · 1 E = 3 E, ich schreibe 3
HZE	3 · 2 Z = 6 Z, ich schreibe 6
963	3 · 3 H = 9 H, ich schreibe 9

1 Überschlage und rechne. Vergleiche den Überschlag und das Ergebnis.

a)	b)	c)	d)
243 · 2	2341 · 2	21231 · 3	212212 · 4
111 · 9	1330 · 3	44302 · 2	305413 · 0
233 · 3	1112 · 4	10001 · 9	402333 · 2
221 · 4	1001 · 5	12002 · 4	102003 · 3
567 · 1	3203 · 3	23010 · 3	100110 · 8

0 486 567 699 884 999 3990 4448 4682 5005 9609 48008
63693 69030 88604 90009 306009 800880 804666 848848

2

Von Freitag bis Sonntag besuchten 2210 Erwachsene und 3302 Kinder den Tierpark. Wie viel Euro wurden an diesen Tagen eingenommen?

3 Wöchentlich werden dem Tierpark 322 kg Heu und doppelt so viel Stroh geliefert.

a) Wie viel Kilogramm Stroh wird geliefert?
b) Wie viel Kilogramm Heu und Stroh werden insgesamt in einer Woche an den Tierpark geliefert?

WIEDERHOLE

1.	2.	3.	4.	5.
3 · 3	4 · 6	6 · 9	4 · ☐ = 12	☐ · 5 = 20
4 · 7	9 · 7	7 · 5	7 · ☐ = 49	☐ · 9 = 72
6 · 8	4 · 0	9 · 4	6 · ☐ = 54	☐ · 8 = 40

1: Überschlagen und Multiplizieren
2 und 3: Inhalt erfassen; Aufgaben bilden, lösen und antworten

Zum Tierparkfest kamen am Sonnabend 428 Besucher und am Sonntag sogar doppelt so viele.
Wie viele Besucher kamen zum Tierparkfest?
Erinnere dich, so kannst du rechnen:

Ü: 400 · 2 = 800	2 · 8 E = 16 E, ich schreibe 6, übertrage 1 Z
HZE 428 · 2	2 · 2 Z = 4 Z
HZE	4 Z + 1 Z = 5 Z, ich schreibe 5
856	2 · 4 H = 8 H, ich schreibe 8

1 Überschlage und rechne. Vergleiche den Überschlag mit dem Ergebnis.

a)	b)	c)	d)
213 · 4	1 118 · 2	32 317 · 2	321 035 · 2
329 · 3	2 105 · 3	11 012 · 8	203 114 · 3
113 · 6	1 217 · 4	23 009 · 3	100 204 · 4
215 · 4	2 009 · 5	10 114 · 7	101 108 · 8
409 · 2	4 318 · 2	23 024 · 3	222 206 · 4

Ich multipliziere mit einem Übertrag.

2 Überschlage und rechne.

Tipp:
Der Übertrag muss nicht immer an der Einerstelle sein!

a)	b)	c)
216 · 3	1 150 · 5	32 913 · 3
242 · 4	2 216 · 4	12 100 · 7
262 · 3	2 731 · 3	15 010 · 6
141 · 7	3 463 · 2	10 191 · 5
512 · 4	1 071 · 9	15 010 · 6

3 Ergänze die fehlenden Ziffern.

a)	b)	c)	d)	e)
1 ■32 · 3	534 · ■	1031 · 5	■7201 · 4	20 ■23 · 3
519■	1 ■68	■1■5	68■■4	6■06■

4

Meine Zahl ist das Dreifache von 27 310.

Das Produkt meiner Zahlen ergibt sich aus dem Doppelten von 25 124.

Der erste Faktor ist 2 432, der zweite Faktor ist 3.

1: Multiplizieren mit Übertrag an der Einerstelle
2: Multiplizieren mit einem Übertrag an unterschiedlichen Stellenwerten
3: Fehlende Ziffern ergänzen 4: Zahlenrätsel lösen

Für die Arbeitsgemeinschaft „Gitarre" sollen vier neue Gitarren gekauft werden. Wie viel Euro muss die Schule dafür ausgeben?

So kannst du rechnen:

Ü: 300€ · 4 = 1200€

Rechne so: HZE

349€ · 4	4 · 9E = 36E,	ich schreibe 6, übertrage 3Z
THZE	4 · 4Z = 16Z	
1296€	16Z + 3Z = 19Z,	ich schreibe 9, übertrage 1H
	4 · 3H = 12H	
	12H + 1H = 13H,	ich schreibe 3, übertrage 1T

1 Überschlage und rechne.

a)	b)	c)	d)
173 · 4	375 · 6	2963 · 2	21203 · 6
148 · 6	721 · 8	7517 · 3	12013 · 7
499 · 2	806 · 6	1540 · 4	63670 · 3
490 · 3	875 · 9	6582 · 5	10479 · 9
148 · 5	978 · 7	5212 · 6	45007 · 6

2 Rechne mündlich oder schriftlich.

a)	b)	c)	d)
430 · 3	2001 · 6	15004 · 2	25000 · 4
593 · 5	3672 · 7	18374 · 6	21532 · 8
601 · 6	4990 · 5	99999 · 4	62700 · 5
792 · 9	5010 · 3	57394 · 7	300020 · 3

3 Im Musicaltheater gibt es 1385 Plätze. Das Stück „Vampire" war eine Woche lang ausverkauft.

1 bis 2: Multiplizieren mit mehreren Überträgen
3: Frage finden; Aufgabe bilden, lösen und antworten

AH 39–40 | TÜ 45

1 Eine Grundschule kauft für den Musikunterricht vier Xylofone und drei große Trommeln.
Wie viel Euro bezahlt die Schule dafür?

2 Rechne und ordne die Ergebnisse der Größe nach.
Beginne mit der kleinsten Zahl. Welches Lösungswort erhältst du?

483 · 4	L	2678 · 7	I	8112 · 3	N	21110 · 4	T	360 · 3	K
9678 · 8	T	697 · 6	A	2314 · 5	R	36425 · 6	E	29879 · 2	E

3 In „Richards Musikladen“ wurden in dieser Woche drei große Trommeln, zwei Keyboards und sechs Gitarren verkauft.
Wie hoch waren die Einnahmen?

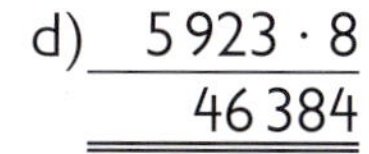

4 Finde die Fehler und berichtige.

a) 60188 · 3 = 130564
46329 · 2 = 92658

b) 394 · 9 = 4456
26606 · 7 = 256242

c) 42312 · 3 = 6936
6271 · 6 = 37626

d) 5923 · 8 = 46384
98507 · 5 = 492535

5 Zu einem Sinfoniekonzert in Leipzig kamen 5613 Besucher.
Bei einem Rockkonzert in Berlin waren es achtmal so viel.

6 Zahlen gesucht

a) Meine Zahl ist die Hälfte des Achtfachen von 2500.

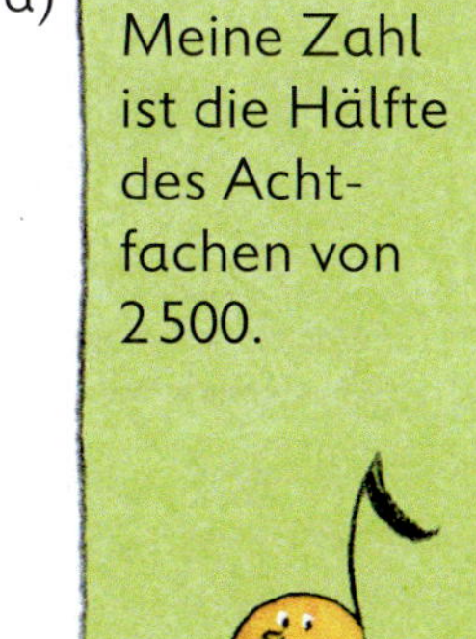

b) Meine Zahl ist die Summe aus dem Sechsfachen von 2672 und dem Dreifachen von 7512.

c) Meine Zahl findest du, wenn du erst 64310 mit 6 multiplizierst und dann 82599 subtrahierst.

d) Meine Zahl erhältst du, wenn du erst 3250 mit 4 multiplizierst und dann das Sechsfache bildest.

1, 3, 5: Inhalt erfassen; Aufgaben bilden, lösen und antworten
2: Rechnen und Lösungswort finden
4: Fehler finden und berichtigen 6: Gesuchte Zahlen finden

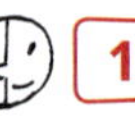

Multiplizieren mit Zehnerzahlen und Hunderterzahlen

1 In einer Konservenfabrik werden Erbsen in Kartons mit jeweils 30 Dosen verpackt. Im Lager stehen 375 Kartons zur Auslieferung bereit. Wie viele Dosen werden ausgeliefert?

Rechne so:

Ü: 400 · 30 = 12 000

375 · 30

11 250

Erkläre den Rechenweg.

2 Überschlage und rechne.

a)	b)	c)	d)	e)
126 · 40	4 310 · 20	4 909 · 80	4 005 · 70	60 · 5 654
253 · 30	6 725 · 60	6 080 · 70	6 810 · 10	30 · 7 009
675 · 70	8 929 · 30	9 002 · 50	7 045 · 60	50 · 874
293 · 50	4 628 · 90	5 070 · 20	8 072 · 40	90 · 56

3 Überschlage zuerst.

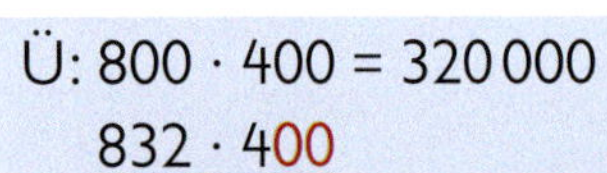

Ü: 800 · 400 = 320 000

832 · 400

332 800

a)	b)	c)
978 · 600	998 · 900	607 · 600
316 · 400	617 · 300	222 · 900
475 · 800	805 · 500	450 · 700
295 · 100	230 · 0	378 · 200

4 In der Konservenfabrik wurden 473 Kartons mit Möhren und 278 Kartons mit grünen Bohnen ausgeliefert. In einem Karton befinden sich 40 Dosen.

WIEDERHOLE

1.	2.	3.	4.	5.
7 · 80	40 · 30	3 · 700	30 · 200	600 · 300
9 · 90	90 · 70	4 · 600	80 · 500	500 · 400
50 · 6	70 · 80	800 · 5	400 · 10	800 · 300
60 · 9	60 · 70	300 · 7	900 · 30	700 · 100

1: Schriftliches Multiplizieren mit Zehnerzahlen; Verfahren erfassen
2: Verfahren übertragen; Überschlag rechnen 3: Schriftliches Multiplizieren mit Hunderterzahlen
4: Frage finden; Aufgabe bilden, lösen und antworten

AH 41 | TÜ 46

Punktrechnung und Strichrechnung in einer Aufgabe

1 Rechne und vergleiche die Ergebnisse.
Was stellst du fest?

a) 214 · 50 − 30 = x
214 · (50 − 30) = y

b) 125 + 253 · 200 = x
(125 + 253) · 200 = y

2

a)	b)	c)
40 · 17 + 643	4 · 684 + 75	525 + 4 · 120
495 − 15 · 30	445 + 150 · 6	5 · 14593 − 7951
888 + 76 · 200	32489 − 1056 · 8	11200 + 25700 · 7
80 · 1254 − 21455	3478 · 50 + 55250	66260 − 30 · 60

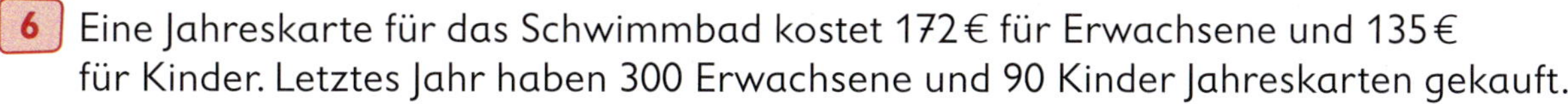

3

a)	b)	c)
16 · 80 − 13 · 70	428 · 400 − 305 · 200	239 · 700 + 88 · 500
46 · 90 + 24 · 40	250 · 350 + 500 · 210	600 · 330 − 165 · 300
70 · 66 − 35 · 33	800 · 320 − 400 · 160	300 · 220 + 600 · 440
19 · 90 + 38 · 60	625 · 100 + 300 · 240	426 · 400 − 406 · 300

4

a)	b)	c)
30 · (188 − 65)	(324 + 576) · 90	(99 + 88) · 320
200 · (467 − 78)	(845 − 327) · 600	(498 − 245) · 125
(346 − 69) · 50	300 · (245 + 155)	250 · (225 + 175)
(999 − 633) · 80	600 · (489 − 339)	580 · (777 − 327)

5 Schreibe die Aufgabe auf und löse sie.

a) Vom Produkt der Zahlen 16 und 80 wird das Produkt der Zahlen 13 und 70 subtrahiert.
b) Die Summe aus den Zahlen 2931 und 4586 wird mit 7 multipliziert.
c) Erfinde selbst so eine Aufgabe. Schreibe sie auf und löse sie.

6 Eine Jahreskarte für das Schwimmbad kostet 172 € für Erwachsene und 135 € für Kinder. Letztes Jahr haben 300 Erwachsene und 90 Kinder Jahreskarten gekauft.

WIEDERHOLE

1.	2.	3.	4.
20 + 7 · 8	5 · 15 + 3 · 20	4 · (25 + 15)	30 · (120 − 60)
75 − 3 · 15	7 · 10 − 2 · 25	10 · (240 − 180)	50 · (12 + 8)

1: Aufgaben lösen; Ergebnisse vergleichen 2 bis 4: Regeln anwenden
5: Aufgaben bilden und lösen; Aufgabe zu den Rechenregeln erfinden
6: Inhalt erfassen; Frage finden; Aufgabe bilden, lösen und antworten

Multiplizieren mehrstelliger Zahlen mit zweistelligen Zahlen

1 Die Mannschaft des FC Germania fährt mit 23 Spielern ins Trainingslager. Für Übernachtung und Verpflegung werden pro Kind 128 € berechnet. Wie viel Euro muss der Verein bezahlen?

Rechne so:

ausführliche Form	Kurzform
Ü: 100 € · 23 = 2 300 €	Ü: 100 € · 23 = 2 300 €
128 € · 23	128 € · 23
2 560	2 56	
384	384
1	1
2 944 €	2 944 €

Erkläre die Rechenwege und bilde einen Antwortsatz.

2 Überschlage und rechne.

a)	b)	c)	d)	e)
96 · 25	426 · 71	642 · 38	8 523 · 13	16 · 6 250
74 · 63	586 · 43	351 · 67	2 746 · 35	37 · 9 300
85 · 32	999 · 33	419 · 56	2 170 · 76	53 · 5 030
83 · 54	437 · 48	782 · 84	3 082 · 25	47 · 8 000
38 · 87	360 · 25	967 · 28	4 309 · 72	82 · 2 987

3 In der Unterkunft im Trainingslager gibt es auch ein Schwimmbecken. Der Hausmeister musste es gestern neu befüllen und ließ pro Stunde etwa 23 500 l Wasser einlaufen. Nach 24 Stunden war das Becken voll. Das Schwimmbecken ist 25 m lang und 12 m breit.

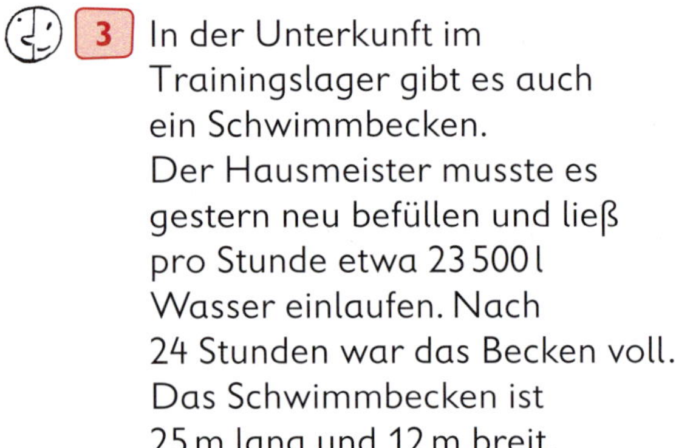

WIEDERHOLE

1.	2.	3.	4.	5.
30 · 80	400 · 40	8 000 · 70	30 · 200	20 000 · 30
60 · 40	300 · 90	9 000 · 20	80 · 500	30 000 · 10
70 · 30	60 · 600	80 · 5 000	400 · 10	20 · 50 000

1: Rechenweg kennenlernen und erklären 2: Rechenweg anwenden; Überschläge bilden
3: Inhalt erfassen: überflüssige Zahlenangaben (Beckenlänge und -breite) erkennen; Aufgabe bilden, lösen und antworten

AH 42–44 | TÜ 48

− ·
: +

1 Immer zwei Aufgaben haben dasselbe Ergebnis. Rechne.

86 · 84	217 · 4	936 · 17	11 952 · 3	7 · 124
12 · 1 326	996 · 36	43 · 168	64 · 69	46 · 96

2 Rechne schriftlich oder im Kopf.

a)	b)	c)	d)
2 222 · 22	34 708 · 18	30 · 20 500	111 · 11
5 000 · 58	25 000 · 40	15 · 10 250	555 · 55
7 313 · 64	21 693 · 21	11 · 81 010	6 666 · 66
2 500 · 25	30 000 · 33	10 · 39 867	7 777 · 77
5 218 · 47	65 432 · 12	34 · 23 419	9 999 · 99

3 Bilde die Summe aus den Zahlen 2 676, 5 131 und 1 304. Multipliziere diese mit 38.

4 Bilde die Differenz aus den Zahlen 262 434 und 234 855. Multipliziere sie mit 23.

5 Familie Elsner bezahlt monatlich 476 € Miete und 215 € für Nebenkosten (Gas, Strom, Wasser) für eine Dreizimmerwohnung.

a) Wie viel Miete bezahlt die Familie in einem Jahr?

b) Wie viel Euro zahlt die Familie für Miete und Nebenkosten insgesamt im Jahr?

6 Die Entfernung von Frankfurt/Main nach Washington beträgt 6 527 km. Wie viel Kilometer legt ein Flugzeug im Monat August zurück, wenn es jeden Tag hin- und zurückfliegt?

7 Toms Mutter sagt: „Die Klassenfahrt war mit 120 € ganz schön teuer. Dein Bruder musste vor fünf Jahren nur drei Viertel des Preises bezahlen." Wie viel Euro kostete die Klassenfahrt für Toms Bruder?

1: Multiplizieren; gleiche Ergebnisse als Selbstkontrolle nutzen
2: Mündlich und schriftlich multiplizieren
5 bis 7: Inhalt erfassen; Aufgaben finden, lösen und antworten

Multiplizieren mehrstelliger Zahlen mit dreistelligen Zahlen

1 Die Giraffen im Zoo bekommen täglich 450 kg Heu.
Wie viel Kilogramm fressen sie in einem Jahr?

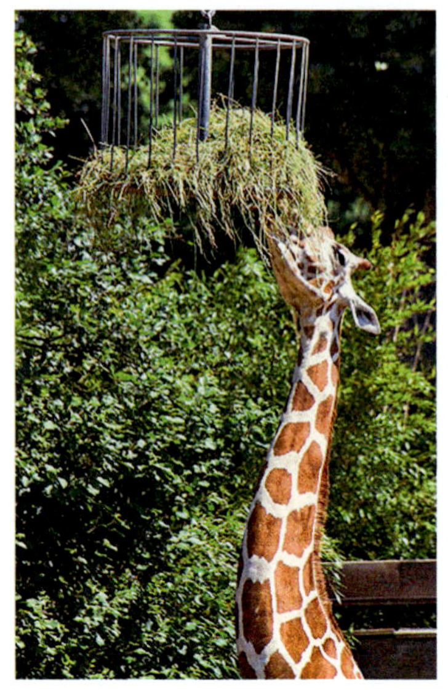

Rechne so:

ausführliche Form	Kurzform
Ü: 500 kg · 400 = 200 000 kg	Ü: 500 kg · 400 = 200 000 kg
450 kg · 365	450 kg · 365
135 000	1350 |
27 000	2700 |
2 250	2 250
1	1
164 250 kg	164 250 kg

Erkläre die Rechenwege und bilde einen Antwortsatz.

2 Überschlage und rechne.

a)	b)	c)
326 · 312	222 · 888	403 · 608
815 · 365	813 · 456	310 · 702
936 · 243	606 · 505	590 · 780
317 · 197	558 · 586	640 · 905
67 · 578	600 · 765	7 · 896

3 Rechne vorteilhaft.

a)	b)
5 · 325 · 200	500 · 169 · 2
25 · 909 · 4	250 · 521 · 4
50 · 391 · 2	40 · 777 · 25
4 · 214 · 500	12 · 358 · 5
5 · 444 · 8	25 · 643 · 4

4 Diese Aufgaben haben interessante Ergebnisse!

271 · 41	82 · 271	271 · 164	328 · 271	533 · 231

5 Für die Giraffen werden täglich 450 kg Heu benötigt.
Die Elefanten bekommen täglich 128 kg Heu mehr.
Wie viel Kilogramm Heu werden für die Elefanten im Jahr benötigt?

6 Im Zoo leben auch mehrere Goldhamster.
Sie fressen täglich etwa 450 g Körner.
Die Tierpfleger möchten das Futter für Juni, Juli und August bestellen.
Wie viel Kilogramm Körner müssen sie mindestens bestellen?

1: Rechenwege kennenlernen und erklären 2: Rechenwege anwenden, Überschläge bilden
3: Rechenweg anwenden, Erkenntnis begründen
4 und 5: Inhalt erfassen; Aufgaben finden, lösen und antworten

AH 43–44 | TÜ 49

Multiplizieren von Größenangaben in Kommaschreibweise

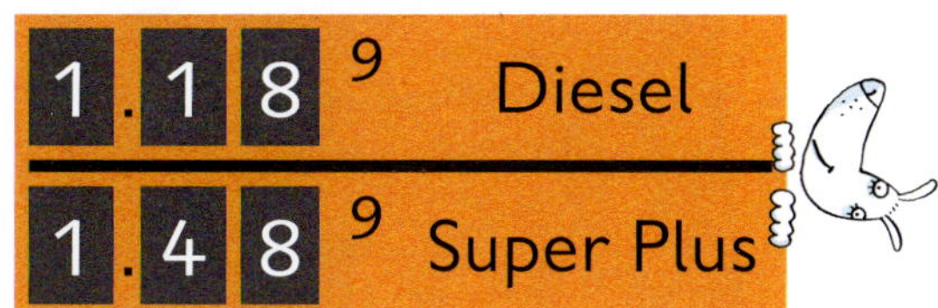

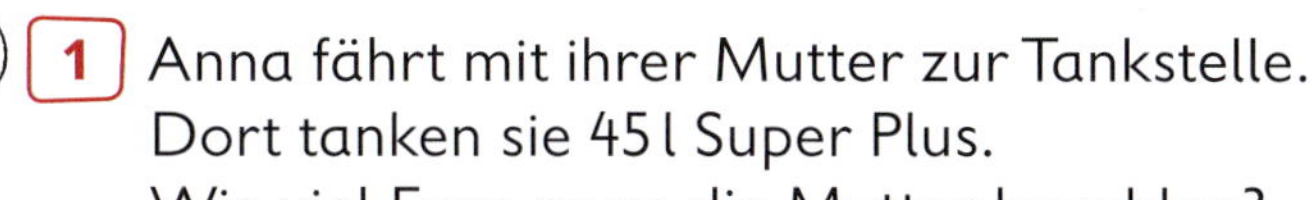

1 Anna fährt mit ihrer Mutter zur Tankstelle. Dort tanken sie 45 l Super Plus. Wie viel Euro muss die Mutter bezahlen?

Anna rechnet so:
1,48 € = 148 ct →

```
148 ct · 45
    592
     740
     1
 6660 ct = 66,60 €
```

Annas Mutter rechnet so:

```
1,48 € · 45
    59 2
     7 40
     1
  66,60 €
```

Tipp:
Die Anzahl der Stellen nach dem Komma verändert sich nicht.

Erkläre die Rechenwege. Antworte im Satz.

2 Rechne wie Anna oder wie ihre Mutter.

a)	b)	c)
1,27 € · 52	3,52 m · 6	1,7 t · 17
1,55 € · 47	18,27 m · 25	0,567 t · 48
49 · 2,49 €	32 m · 8,6 km	84 · 3,852 kg
243 · 8,58 €	53 m · 2,5 m	132 · 0,680 kg
45,99 € · 126	60,55 m · 70	500 · 15,5 g

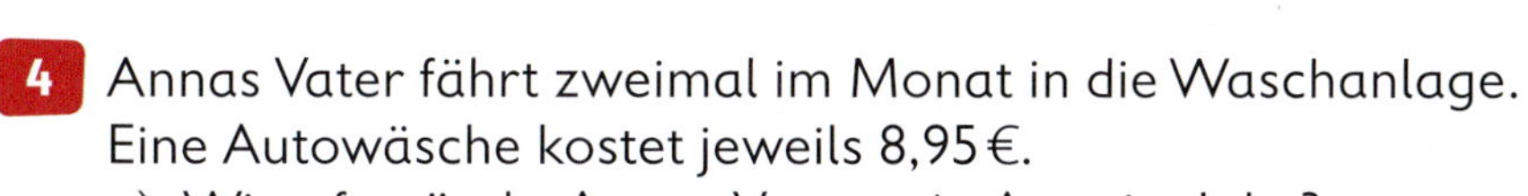

3 Annas Vater tankt 55 l Diesel.
Wie viel Euro muss er für diese Tankfüllung bezahlen?

4 Annas Vater fährt zweimal im Monat in die Waschanlage. Eine Autowäsche kostet jeweils 8,95 €.
a) Wie oft wäscht Annas Vater sein Auto im Jahr?
b) Wie viel Euro bezahlt er dafür insgesamt?
c) Annas Mutter fährt mit ihrem Auto nur einmal im Monat in die Waschanlage. Wie viel Euro geben die Eltern im Jahr für Autowäschen aus?

1: Kommaschreibweise beim Multiplizieren kennenlernen
2: Kommaschreibweise anwenden
3 und 4: Kommaschreibweise in Sachsituationen anwenden

1 Für Lisas Geburtstagsfeier kaufen die Eltern Apfelsaft, Orangensaft und Mineralwasser jeweils im Sechserpack ein.
Stelle Fragen, rechne und antworte.

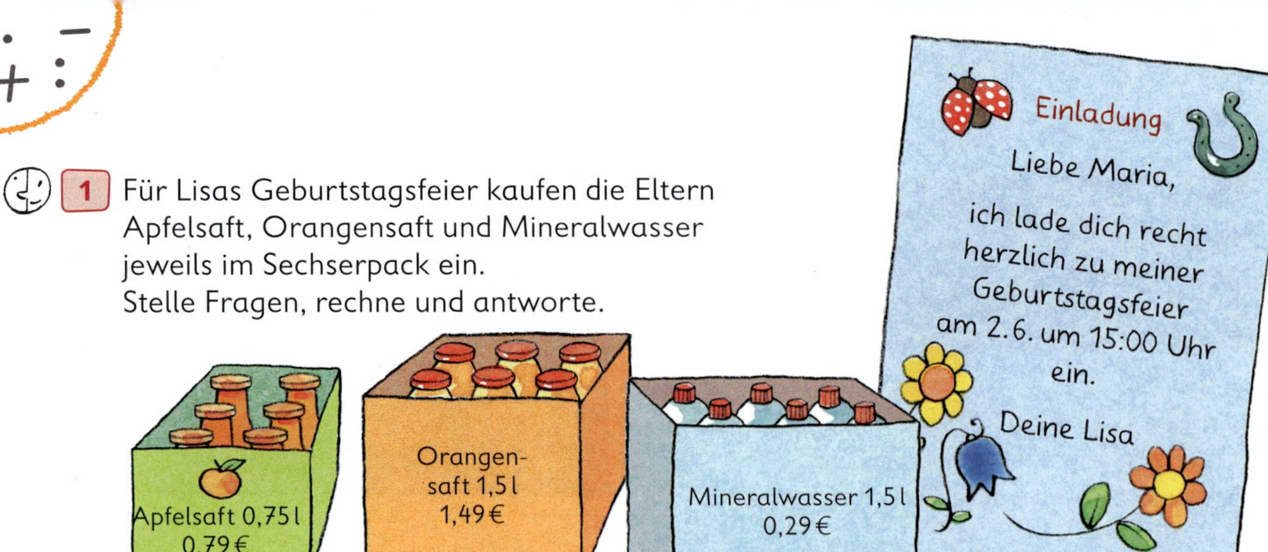

2 Zur Ausgestaltung des Kinderzimmers bastelt Lisa mit ihrer Oma bunte Papierketten aus 235 Ringen. Jeder Ring wurde aus einem 13,5 cm langen Streifen geklebt.
Wie viel Meter Papierstreifen haben sie verbraucht?

3 Max erzählt beim Abendessen, dass bei seinem letzten Fußballspiel alle 485 Plätze ausverkauft waren. Eine Karte kostete 8,50 €.

4 Nach dem Abendessen spielen die Kinder noch mit Lisas Haustieren.
Die Katze Minka ist doppelt so alt wie ihr Hund Rex.
Wie alt ist Rex, wenn beide Tiere zusammen 12 Jahre alt sind?

5 Maria möchte für ihre Gäste eine Apfelschorle machen.
Dafür mischt sie jeweils 1,5 l Apfelsaft mit 1,5 l Mineralwasser.
Zu ihrer Feier kommen acht Kinder und fünf Erwachsene.

a) Wie viel Liter braucht sie mindestens, wenn jede Person etwa drei Gläser (ein Glas = 200 ml) trinkt?
b) Wie viel Apfelschorle bleibt dann noch übrig?

1 bis 5: Inhalt erfassen; Frage finden (Aufg. 3); Aufgaben finden, lösen und antworten

Stunde – Minute – Sekunde

1 In welcher Einheit würdest du folgende Zeitspannen angeben?

a) Dauer des Sommers
b) 25 m schwimmen
c) Dauer deiner Grundschulzeit
d) Zähne putzen
e) Dauer einer Urlaubsreise
f) Länge eines Kinofilms

MERKE DIR

1 min	= 60 s
1 h	= 60 min
1 Tag	= 24 h
1 Woche	= 7 Tage
1 Jahr	= 12 Monate
	= 52 Wochen
	= 365 Tage

2 Wie spät ist es? Gib jeweils die Vor- und die Nachmittagszeit an.

a) 
b) 
c) 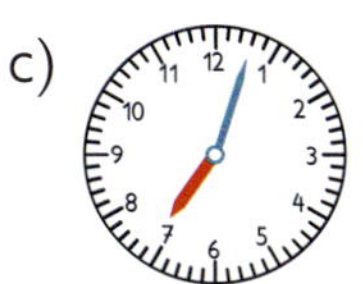
d) 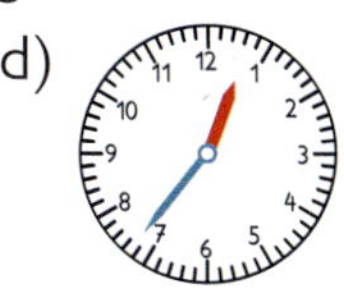
e) 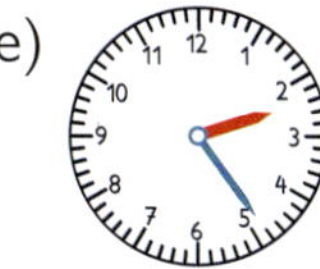

3 Wandle um in:

a) Stunden	b) Minuten	c) Sekunden	d) Minuten und Sekunden
240 min	120 s	6 min	90 s
90 min	420 s	10 min	200 s
360 min	300 s	$\frac{1}{2}$ min	$1\frac{1}{2}$ h
4 Tage	$\frac{1}{4}$ h	1 h	320 s
1 Woche	5 h	3 min 15 s	500 s

4 Setze das richtige Zeichen: < = >.

a)		b)		c)	
2 min ● 140 s		1 h ● 59 min		1 h 30 min ● 100 min	
5 min ● 500 s		3 h ● 180 min		5 h 15 min ● 300 min	
10 min ● 600 s		$\frac{3}{4}$ h ● 30 min		10 h 10 min ● 600 min	
$\frac{1}{2}$ min ● 15 s		6 h ● 600 min		3 min 30 s ● 210 s	
3 min ● 120 s		$1\frac{1}{2}$ h ● 90 min		5 min 45 s ● 350 s	

5 a) Wie viele Stunden hat eine Woche?
b) Wie viele Stunden hat ein Jahr?
c) Wie viele Minuten hat ein Tag?
d) Wie viele Minuten hat der Monat Juni?

e) Stimmt es, dass ein Jahr mehr als 100 000 min hat?

1: Einheiten zuordnen 2: Uhrzeiten angeben 3: Einheiten umwandeln
4: Größenangaben vergleichen 5: Größenangaben umrechnen

Jahr – Monat – Woche

1 Wandle um in:

a) Tage	b) Wochen	c) Monate	d) Jahre
5 Wochen	14 Tage	8 Wochen	24 Monate
7 Wochen	28 Tage	$\frac{1}{4}$ Jahr	48 Monate
14 Wochen	63 Tage	4 Jahre	120 Monate
25 Wochen	5 Monate	9 Jahre	6 Monate
52 Wochen	$\frac{1}{2}$ Jahr	15 Jahre	3 Monate

2 Setze das richtige Zeichen: < = >.

a)			b)		
6 Wochen	●	35 Tage	50 Monate	●	3 Jahre
8 Wochen	●	56 Tage	28 Monate	●	2 Jahre
14 Wochen	●	100 Tage	9 Monate	●	$\frac{3}{4}$ Jahr
20 Wochen	●	$\frac{1}{2}$ Jahr	2 Monate	●	$\frac{1}{4}$ Jahr
54 Wochen	●	1 Jahr	1 000 Tage	●	3 Jahre

3 Das Jahr 2016 ist ein Schaltjahr.
Erkundige dich, was man darunter versteht.
Schreibe das vorangegangene und das folgende Schaltjahr auf.

4 Maria erzählt: „Die Sommerferien dauern sechs Wochen. Zwei Wochen bleibe ich zu Hause und die Hälfte der verbleibenden Zeit fahre ich zu meiner Oma."
Wie viele Tage bleibt Maria bei ihrer Oma?

5 Wessen Urlaub dauert am längsten? Begründe.

6 Eine Turmuhr schlägt immer zur vollen Stunde.
Um 1:00 Uhr und um 13:00 Uhr schlägt sie einmal,
um 2:00 Uhr und um 14:00 Uhr zweimal usw.
Wie oft schlägt die Turmuhr im Verlaufe eines Tages?

1: Größenangaben umrechnen 2: Größenangaben vergleichen 3: Schaltjahre berechnen
4 bis 6: Inhalt erfassen; Aufgaben finden, lösen und antworten

AH 46 | TÜ 51

1 Berechne die Fahrzeit.

Abfahrt		Ankunft
6:10 Uhr	+ ☐ min →	6:52 Uhr
7:05 Uhr	+ ☐ min →	7:33 Uhr
10:17 Uhr	+ ☐ min →	11:00 Uhr
13:00 Uhr	+ ☐ h ☐ min →	15:35 Uhr
15:43 Uhr	+ ☐ min →	16:30 Uhr
18:25 Uhr	+ ☐ h ☐ min →	20:12 Uhr

15:43 Uhr	+ ☐ min →	16:00 Uhr
16:00 Uhr	+ ☐ min →	16:30 Uhr

2 Berechne die Ankunftszeit.

Abfahrt		Ankunft
7:05 Uhr	+ 17 min →	☐ Uhr
9:27 Uhr	+ 33 min →	☐ Uhr
10:56 Uhr	+ $\frac{1}{4}$ h →	☐ Uhr
13:45 Uhr	+ 37 min →	☐ Uhr
15:12 Uhr	+ 1 h 15 min →	☐ Uhr
18:26 Uhr	+ 2 h 20 min →	☐ Uhr

15:12 Uhr	+ 1 h →	☐ Uhr
☐ Uhr	+ 15 min →	☐ Uhr

3 Berechne die Abfahrtszeit.

Abfahrt		Ankunft
☐ Uhr	← – 15 min	8:20 Uhr
☐ Uhr	← – 28 min	10:38 Uhr
☐ Uhr	← – 39 min	12:37 Uhr
☐ Uhr	← – 1 h	15:42 Uhr
☐ Uhr	← – 1 h 20 min	16:19 Uhr
☐ Uhr	← – 3 h 43 min	20:03 Uhr

☐ Uhr	← – 1 h	16:19 Uhr
☐ Uhr	← – 20 min	☐ Uhr

4 Ein ICE (Inter-City-Express) fuhr um 19:51 Uhr in Leipzig los. Um 21:37 Uhr kam er mit 32 min Verspätung in Berlin an. Stelle Fragen, rechne und antworte.

1: Fahrzeit berechnen 2: Ankunftszeit berechnen 3: Abfahrtszeit berechnen
4: Inhalt erfassen; Fragen stellen, Aufgaben finden, lösen und antworten

Tom und seine Eltern verleben ihre Ferien in Schierke im Harz.
Jeden Tag nehmen sie sich unterschiedliche Ausflugsziele vor.
Unter anderem nutzen sie auch die Harzer Schmalspurbahn (HSB).

1 Bei der Anreise nach Schierke fuhren Tom und seine Eltern mit dem Auto um 8:25 Uhr zu Hause los und kamen um 14:15 Uhr im Urlaubsort an. Unterwegs machten sie zwei Pausen, einmal eine Dreiviertelstunde, das andere Mal 25 Minuten.

a) Zeichne eine Skizze zur Aufgabe.
b) Wie lange war Toms Familie insgesamt unterwegs?
c) Stelle weitere Fragen, rechne und antworte.

2 An ihrem zweiten Urlaubstag möchte die Familie mit der Harzer Schmalspurbahn von Schierke zum Brocken und zurück fahren.

Wernigerode–Brocken				Brocken–Wernigerode			
Wernigerode	Drei-Annen-Hohne	Schierke	Brocken	Brocken	Schierke	Drei-Annen-Hohne	Wernigerode
7:25	8:02			10:51	11:31		
8:55	9:32	9:57	10:36	11:36	12:16	12:36	13:33
9:40	10:17	10:42	11:21	12:21	13:11	13:24	14:15
10:25	11:02	11:27	12:06	13:14	13:54	14:07	15:03
11:55	12:32			14:51	15:21	15:33	16:33
13:25	14:02	14:27	15:30	15:40	16:19	16:32	17:21
14:55	15:32	15:58	16:52	16:22	17:02	17:14	18:00
16:25	17:02			17:07	17:36	17:49	18:45

a) Wann könnten sie vormittags losfahren?
b) Die Familie fuhr mit dem Zug um 9:57 Uhr. Sie nimmt sich 3 h 45 min Zeit für die Brockenbesichtigung und will dann wieder zurückfahren.
Welchen Zug kann sie nehmen?

3 Am nächsten Tag wandert Tom mit seinen Eltern nach Drei-Annen-Hohne. Um 15:15 Uhr sind sie am Bahnhof in Drei-Annen-Hohne und wollen wieder zurück nach Schierke fahren. Nutze den Fahrplan in Aufgabe **2**.

a) Wann fährt der nächste Zug?
b) Wie lange fahren sie bis in ihren Urlaubsort?

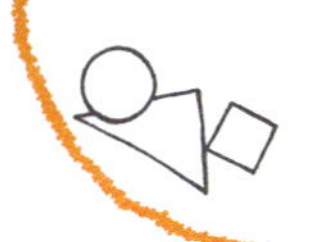

1 A B C D

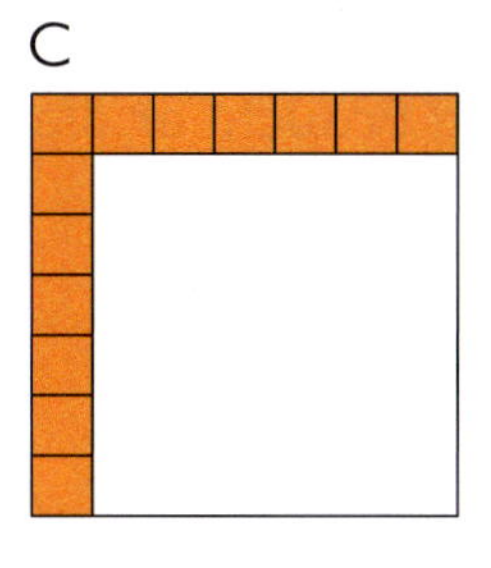

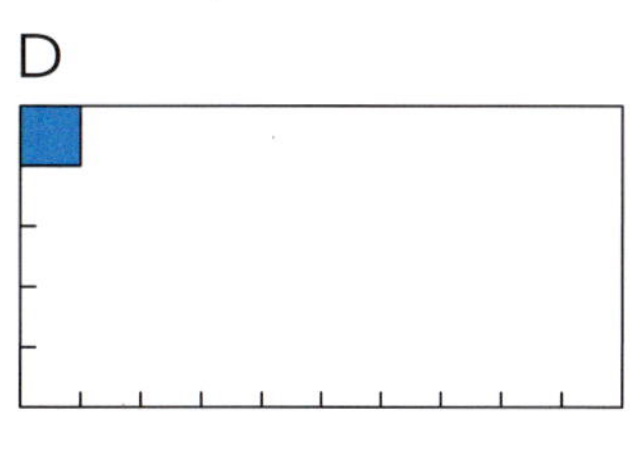

a) Wie viele Fliesen werden für jede Wand benötigt?
b) Wie viele Fliesen muss der Fliesenleger insgesamt verlegen?
c) Welche Wand hat die größte Fläche?

MERKE DIR

- Die Anzahl der Kästchen gibt den Flächeninhalt (die Größe der Fläche) an.
- Die Kästchen nennt man Einheitsquadrate.

2

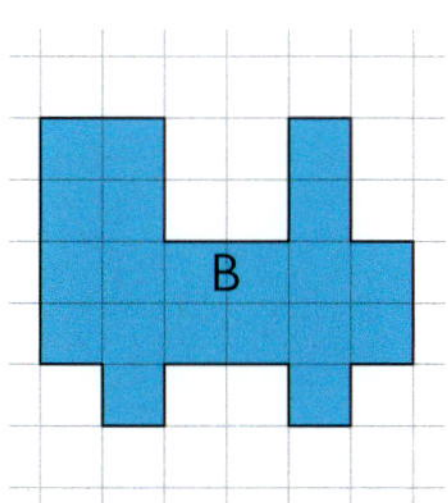

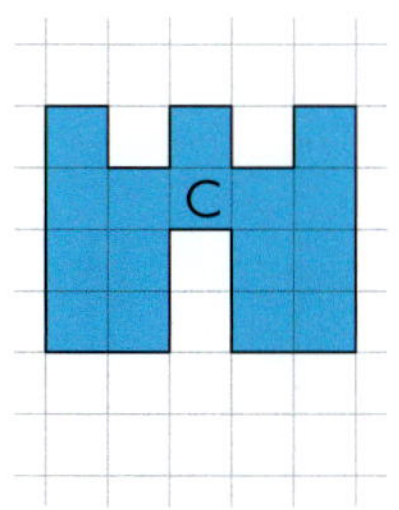

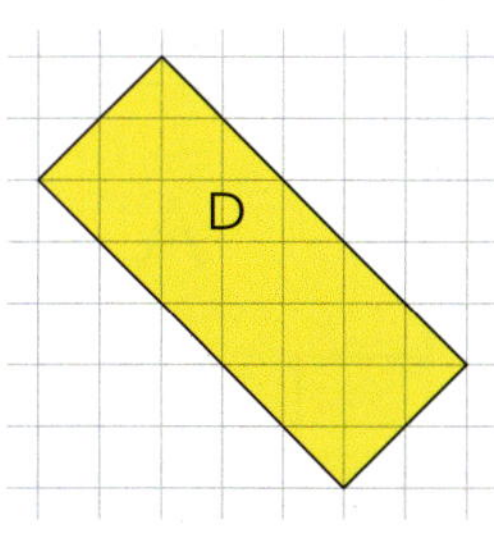

Bestimme den Flächeninhalt der Figuren.

Schreibe so: A: ☐ Kästchen, …

3 Wie kannst du den Flächeninhalt dieses Rechtecks bestimmen?
Berate dich mit deinem Lernpartner.

Tipp: Es gibt mehrere Möglichkeiten.

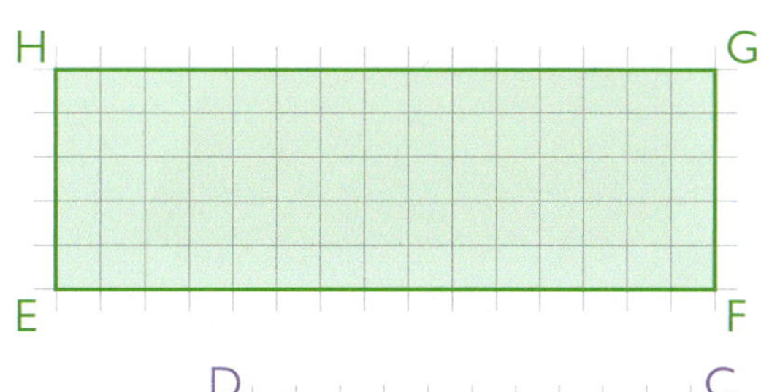

4 Zeichne das Rechteck ABCD so, dass der Flächeninhalt:
a) doppelt so groß ist,
b) viermal so groß ist.
Gib den Flächeninhalt für jedes Rechteck an.

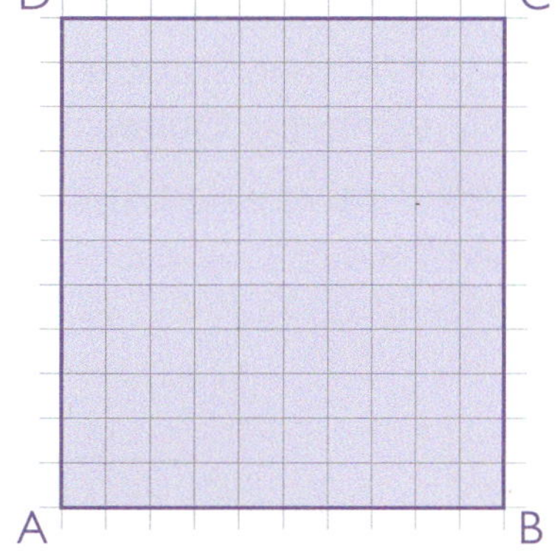

5 Maria hat ein Rechteck mit einem Flächeninhalt von 24 Kästchen gezeichnet.
Wie lang und wie breit kann das Rechteck sein?

1 und 2: Anzahl der Kästchen bzw. der Fliesen bestimmen
3: Verschiedene Möglichkeiten erklären 4: Rechtecke nach Vorgabe zeichnen; Flächeninhalt angeben 5: Länge der Rechteckseiten bestimmen

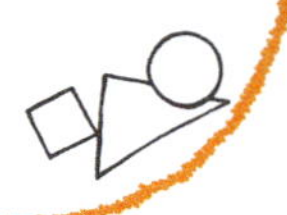

Flächenumfang

1 Der Gärtner will drei Blumenbeete mit Rasenkantensteinen einfassen. Für das Beet mit dem größten Umfang braucht er die meisten Steine. Welches Beet ist das?

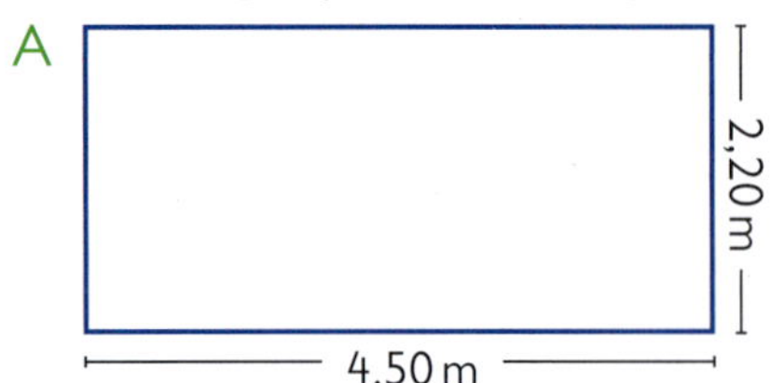

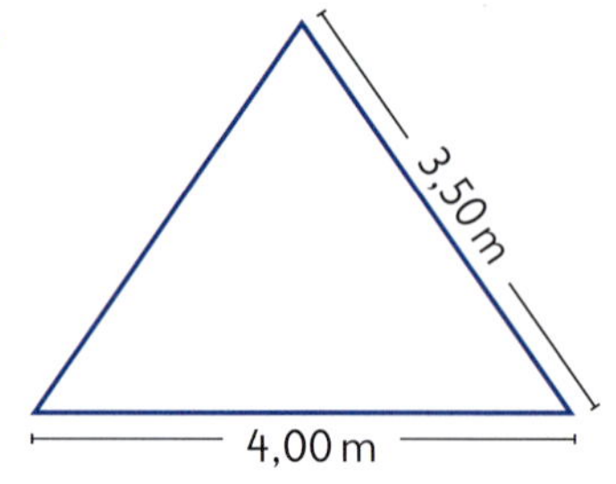

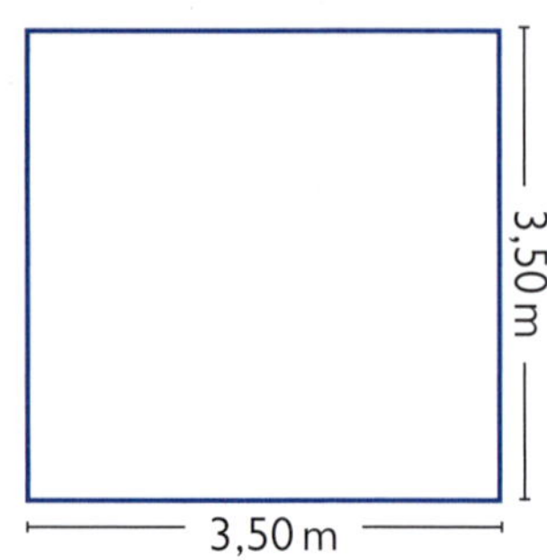

2 Anna und Max haben mit Stäbchen diese Figuren gelegt. Welche dieser Figuren hat den kleinsten Umfang? Begründe deine Antwort.

MERKE DIR

Der **Umfang** einer ebenen Figur ist die Gesamtlänge der äußeren Umrandung der Figur.

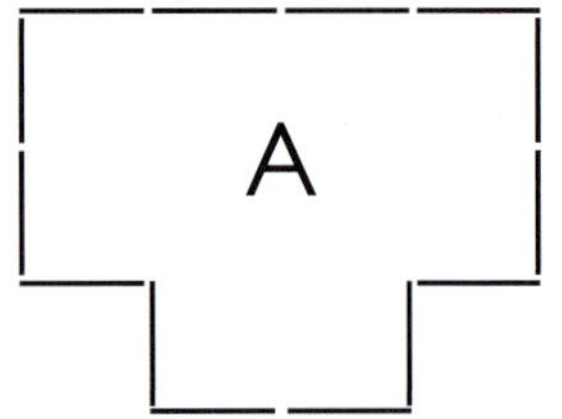

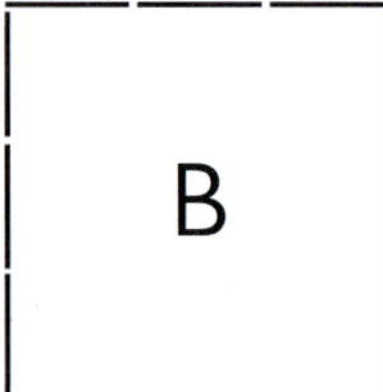

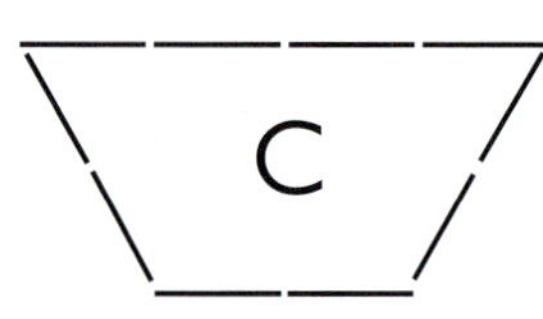

3 Es werden die Figuren mit dem größten und dem kleinsten Umfang gesucht. Welche sind es?

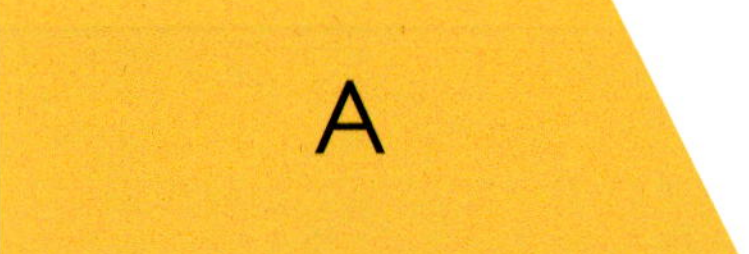

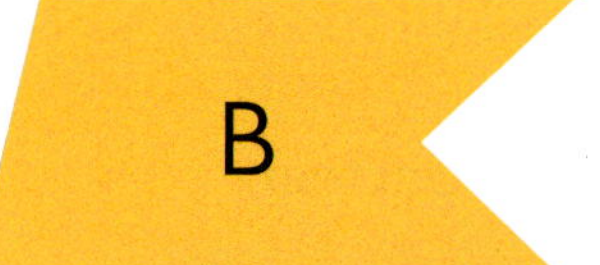

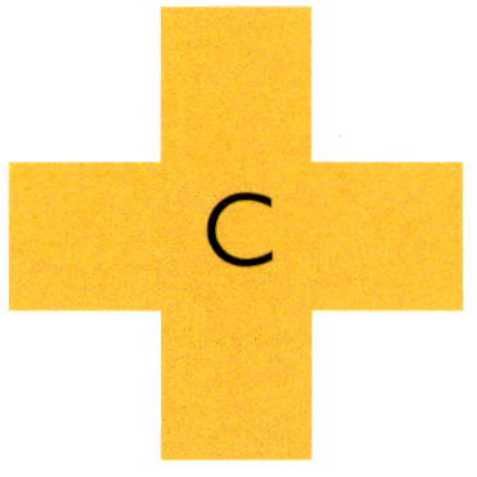

4 a) Tom hat von einem Quadrat schon zwei Seiten mit 6 Stäbchen gelegt. Wie viele Stäbchen hat er gelegt, wenn das Quadrat fertig ist?

b) Maria hat zwei Seiten eines Rechtecks mit 9 Stäbchen gelegt. Wie viele Stäbchen hat sie gelegt, wenn das Rechteck fertig ist?

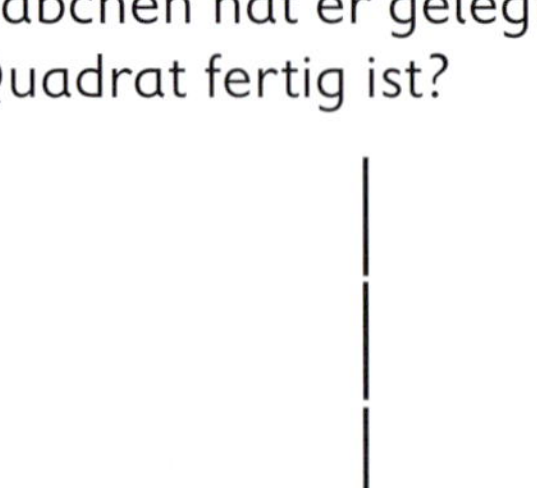

Lege die Figuren nach und überprüfe dein Ergebnis.

1: Umfang der Beete berechnen; größtes Beet ermitteln
2: Umfang durch Zählen der Stäbchen ermitteln
3: Umfang durch Messen ermitteln 4: Anzahl der Stäbchen berechnen

1 Gib den Flächenumfang und den Flächeninhalt der Figuren an.

Schreibe so: A : Flächenumfang: ☐ cm = ☐ mm   Flächeninhalt: ☐ Kästchen

A B C D

2 Zeichne Figuren mit einem Flächeninhalt von:

a) 42 Kästchen b) 36 Kästchen c) 11 Kästchen d) 27 Kästchen

Gib den Flächeninhalt dieser Figuren in Zentimeter und Millimeter an.

3 Lege mit gleich langen Stäbchen zwei verschiedene Figuren, die den gleichen Flächenumfang von 24 Stäbchen haben.

4 Wahr oder falsch?

a) Figuren mit gleichem Flächenumfang haben immer auch den gleichen Flächeninhalt.

b) Wenn die Seitenlängen eines Rechtecks verdoppelt werden, dann verdoppelt sich auch der Flächeninhalt.

c) Wenn die Seitenlängen eines Quadrates halbiert werden, dann halbiert sich auch der Umfang des Quadrates.

Zeichne zu deinen Entscheidungen jeweils ein Beispiel.

5 Zeichne ein Rechteck mit den Seiten $\overline{AB}$ = 120 mm und $\overline{BC}$ = 75 mm. Zeichne ein Rechteck, dessen Seiten nur ein Drittel so lang sind.
Gib den Flächenumfang dieser Rechtecke in Zentimeter und Millimeter an.

Tipp:
Teile durch 3, dann erhältst du ein Drittel.

1: Flächeninhalt/Flächenumfang bestimmen 2: Figuren nach Vorgabe zeichnen
3: Figuren mit Stäbchen legen 4: Wahrheitsgehalt prüfen; Beispiel für falsche Aussage zeichnen 5: Rechtecke zeichnen; Umfang angeben

Achsensymmetrische Figuren

1

In der Natur und Technik kannst du Achsensymmetrie häufig entdecken.

a) Sprich über die Beispiele auf den Bildern. Erkläre, was hier durch Symmetrie erreicht wird.

b) Suche in Zeitungen und Illustrierten oder auf Spielkarten weitere Beispiele für Achsensymmetrie. Gestalte damit ein Poster.

2 Welche Figuren sind achsensymmetrisch? Lege die Symmetrieachsen mit Stäbchen.

a) 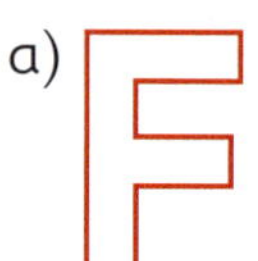
b) 
c) 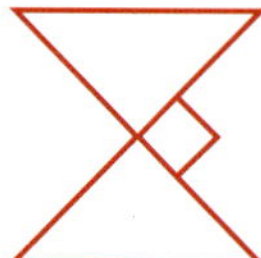
d) 
e) 
f) 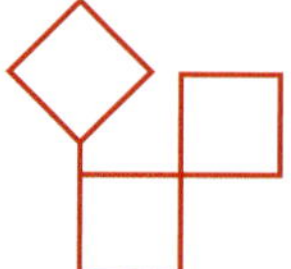

3 Übertrage in dein Heft. Zeichne die Spiegelfigur.

a) 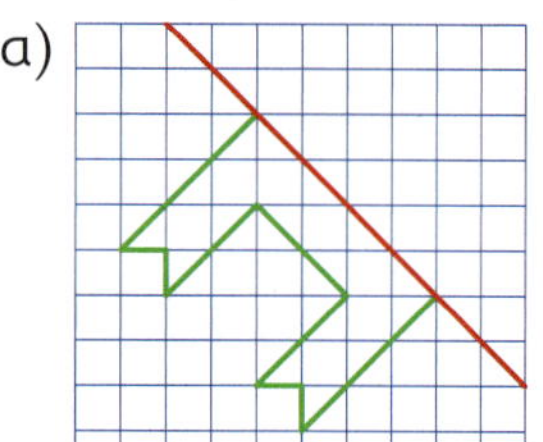
b) 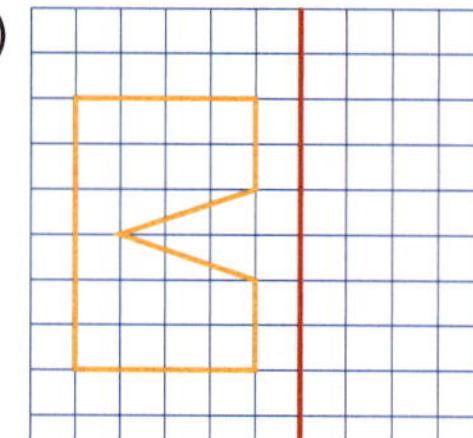
c) 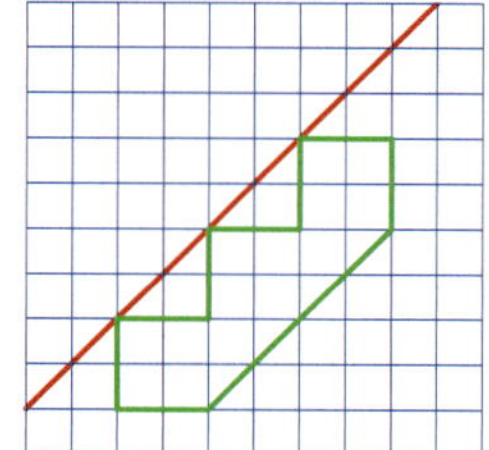
d) 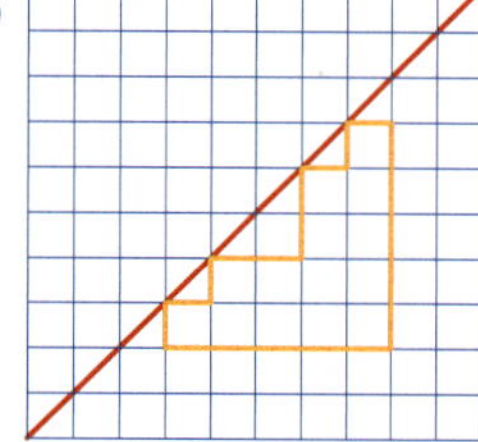

4 Mit einer Nadel und einer weichen Unterlage kannst du diese symmetrische Figur selbst herstellen.

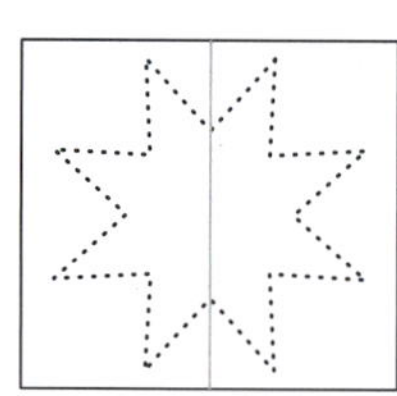

5 a) Lies diese Geheimschrift.

Heute hast du keine Hausaufgaben.

b) Versuche, selbst ein Wort oder einen Satz in Spiegelschrift zu schreiben.

1: Über die Bedeutung der Symmetrie sprechen 2: Symmetrieachsen legen 3: Spiegelfiguren zeichnen
4: Symmetrische Figur herstellen 5: Geheimschrift mit dem Spiegel lesen

AH 50

Drehsymmetrische Figuren kannst du um einen Punkt drehen. **MERKE DIR**
Sie sehen dann wieder aus wie vorher.
Der Punkt, um den du drehst, heißt **Drehpunkt**.

1 So kannst du drehsymmetrische Figuren zeichnen:

a) Zeichne ein Rechteck mit den Seitenlängen 2 cm und 5 cm. Schneide es aus. Lege den Drehpunkt fest. Drehe das Rechteck jeweils eine Viertelumdrehung um diesen Punkt. Zeichne die jeweilige Stellung des Rechtecks.

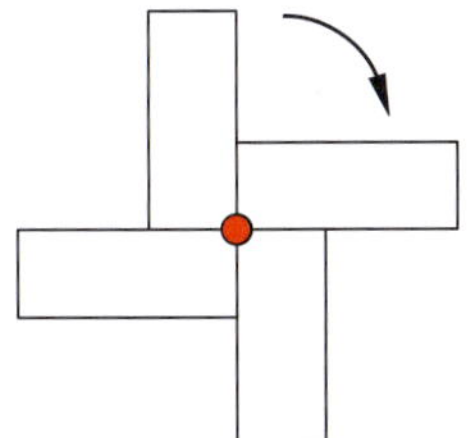
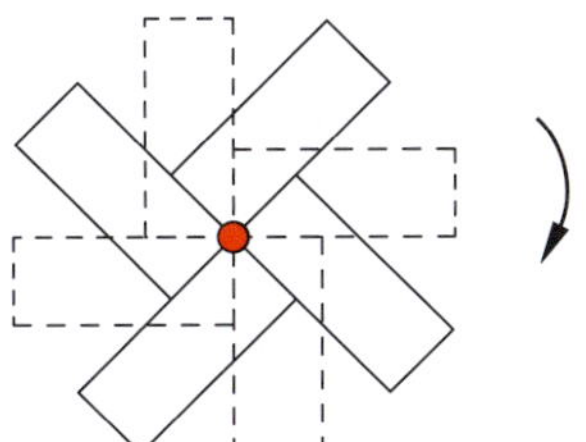
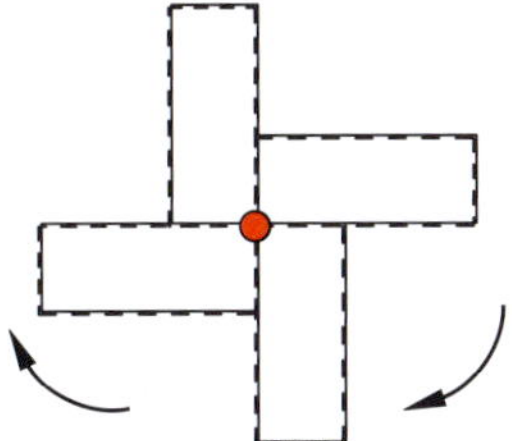

b) Zeichne ein beliebiges rechtwinkliges Dreieck. Schneide es aus. Lege den Drehpunkt fest. Drehe das Dreieck jeweils eine Viertelumdrehung um diesen Punkt. Zeichne die jeweilige Stellung des Rechtecks.

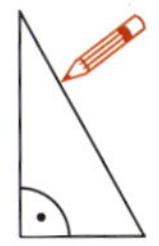
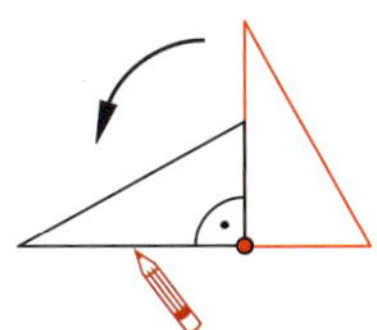
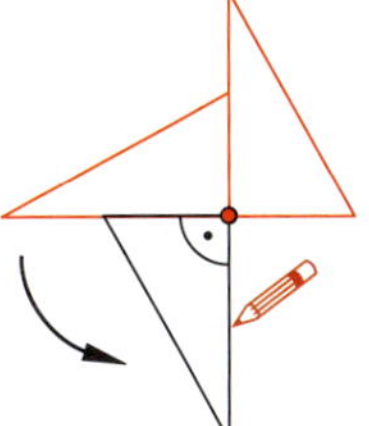
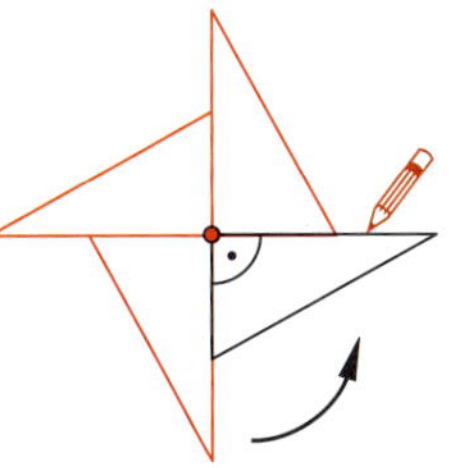

2 Untersuche, ob diese Muster achsensymmetrisch oder drehsymmetrisch sind.

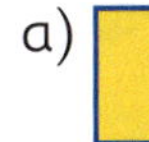
a) 
b) 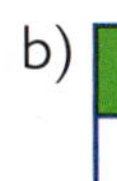 
c)  
d) 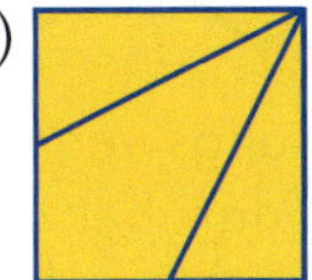
e) 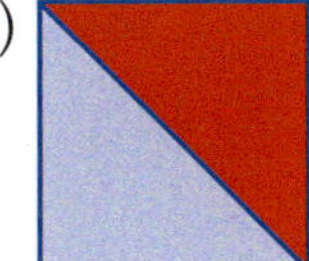

1: Drehsymmetrische Figuren zeichnen
2: Figuren auf Achsen- und Drehsymmetrie untersuchen; Ergebnis begründen

Freundeseiten – Lernen mit dem Partner oder in der Gruppe

1 Multiplikationsaufgaben würfeln

- Jeder würfelt erst mit drei Würfeln. Bildet mit der Anzahl der Würfelaugen die größte **dreistellige** Zahl.
- Würfelt dann mit zwei Würfeln. Bildet mit der Anzahl der Würfelaugen die größte **zweistellige** Zahl.
- Multipliziert die beiden Zahlen miteinander. Wer das größte Produkt hat, ist Sieger.

Beispiel:

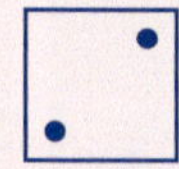  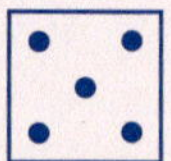

größte **dreistellige** Zahl: 652

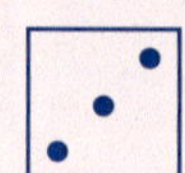 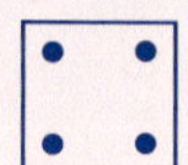

größte **zweistellige** Zahl: 43

2 Rechengeschichten zur Multiplikation

Finde eine Rechengeschichte zu einer Aufgabe.

a) $357 \cdot 52$ b) $126\,€ \cdot 14$ c) $2\,542\,km \cdot 25$

Erzähle sie deinem Lernpartner.
Dein Lernpartner löst die Aufgabe und antwortet im Satz.

3 Spielgeräte kaufen

Für die Regenbogenschule wurden diese Spielgeräte bestellt:

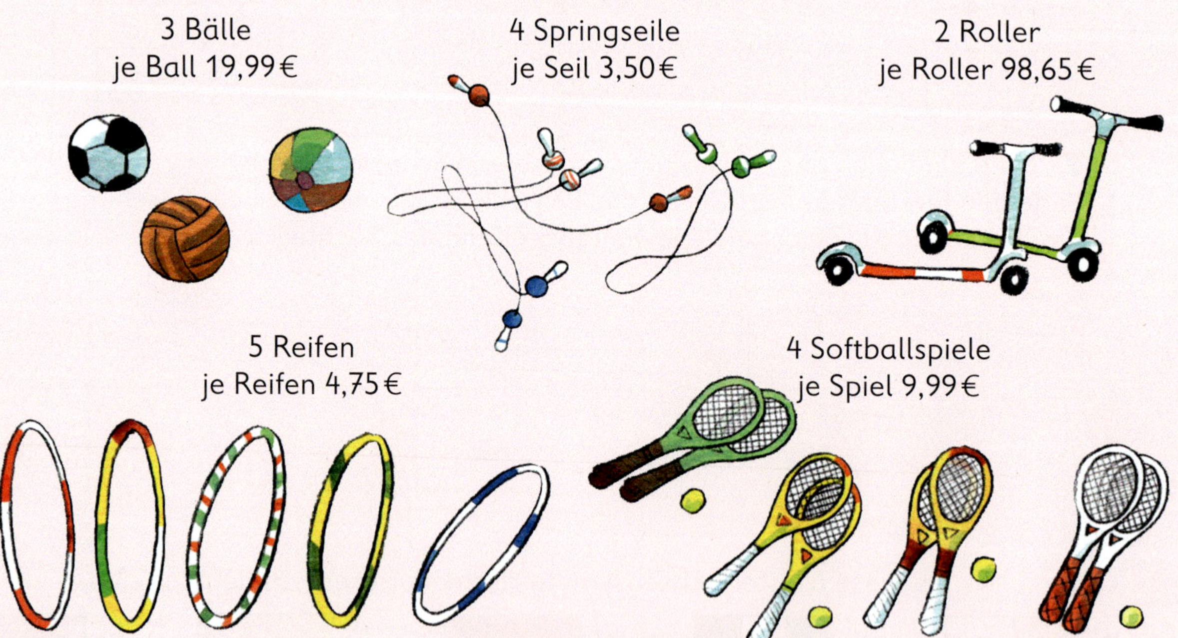

a) Welche Lösungswege sind möglich, um den Gesamtpreis zu berechnen? Berate dich darüber mit deinem Lernpartner oder in der Lerngruppe. Berechne dann den Gesamtpreis.
b) Wie viel muss bezahlt werden, wenn doppelt so viele Bälle bestellt werden?

1: Multiplikationsaufgaben würfeln und lösen
2: Rechengeschichten finden und lösen
3: Lösungswege finden und Lösungen berechnen

1 Bedeutende Ereignisse

Suche im Lexikon oder im Internet fünf Ereignisse, die bedeutsam für die Menschen waren.
Schreibe die Jahreszahlen dazu und berechne, wie viele Jahre seitdem vergangen sind.

Beispiele:

2 Ferien

a) Findet mit Hilfe eines Ferienkalenders heraus, wie viele Wochen und Tage ihr in diesem Schuljahr Ferien habt.
b) Stellt euch gegenseitig Fragen zur Schulzeit oder Ferienzeit.

Beispiele:
- Wie viele Tage gehen wir in diesem Schuljahr zur Schule?
- Wie viele Wochen und Tage sind es bis zu den nächsten Ferien?

Beantwortet die Fragen mit Hilfe eines Ferienkalenders.

3 Muster

Zeichne, lege oder klebe Muster, die achsen- oder drehsymmetrisch sind.
Verwende dazu Kästchenpapier, Legematerial, Zirkel usw.

z. B.: achsensymmetrisch

drehsymmetrisch

4 Symmetrisch ergänzen

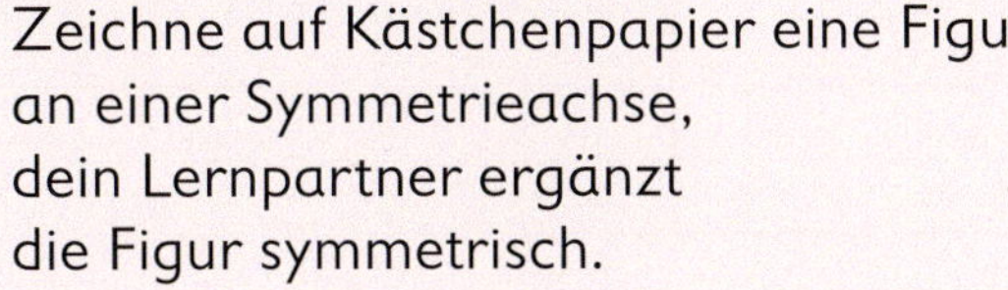

Zeichne auf Kästchenpapier eine Figur an einer Symmetrieachse, dein Lernpartner ergänzt die Figur symmetrisch.

1 und 2: Jahreszahlen und Zeitdauer bestimmen
3: Muster zeichnen, legen und kleben
4: Symmetrische Figuren ergänzen

Kann ich das schon?

1 Wahr oder falsch? Begründe deine Entscheidung.

a) Jedes Viereck hat vier rechte Winkel.
b) Jedes Trapez ist ein Viereck.
c) Parallelogramme sind auch Quadrate.
d) Bei allen Vierecken sind die gegenüberliegenden Seiten gleich lang.
e) Jedes Quadrat ist auch ein Rechteck.
f) Alle Rechtecke sind auch Trapeze.

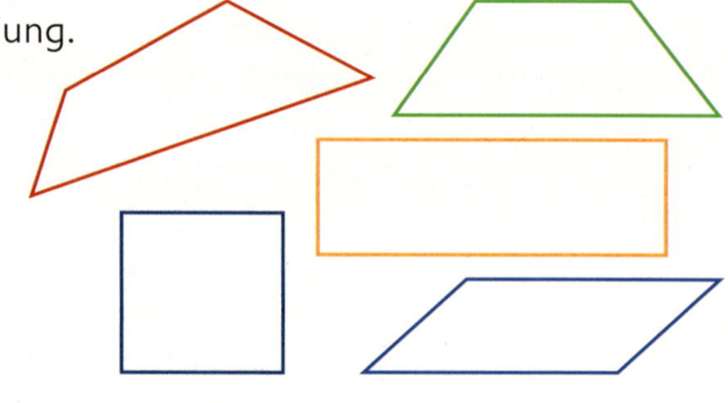

2 a) Schreibe alle Vielfachen von 4 auf, die kleiner sind als 100.
b) Schreibe alle Vielfachen von 8 auf, die kleiner sind als 100.

3 a) Schreibe alle Teiler von 60 auf.
b) Schreibe alle Teiler von 30 auf.
c) Suche die gemeinsamen Teiler von 60 und 30 heraus und schreibe sie auf.
d) Welche Zahlen zwischen 10 und 20 haben außer 1 und sich selbst keine weiteren Teiler?

4

a)	b)	c)
$8 \cdot 60$	$180 : 3$	$250 \cdot 4 + 375$
$80 \cdot 500$	$4500 : 5$	$7000 - 550 \cdot 3$
$70 \cdot 9000$	$28000 : 40$	$2500 : 50 + 950$
$4 \cdot 60000$	$480000 : 800$	$1800 + 4200 : 7$
$600 \cdot 700$	$25000 : 50$	$10000 : 5 + 50000$

5 Rechne im Kopf oder schriftlich.

a)	b)	c)	d)
$330 \cdot 7$	$1325 \cdot 6$	$450 \cdot 40$	$320 \cdot 22$
$250 \cdot 4$	$7250 \cdot 5$	$820 \cdot 30$	$615 \cdot 46$
$505 \cdot 5$	$8372 \cdot 9$	$6400 \cdot 70$	$1210 \cdot 32$
$315 \cdot 8$	$6073 \cdot 7$	$286 \cdot 400$	$1020 \cdot 27$

6 Frau Schön fährt jeden Tag 54 km von ihrer Wohnung zur Arbeitsstelle und zurück. Frau Lindenaus Weg zur Arbeit und zurück ist 26 km kürzer. Wie viel Kilometer muss jede Frau in einem Monat mit 23 Arbeitstagen fahren?

7 a) Gib den Flächenumfang der Figuren in Zentimeter und Millimeter an.
b) Gib den Flächeninhalt der Figuren an.

Schreibe so:

Fläche A: ☐ Kästchen
Fläche B: ☐ Kästchen

A

B

8 a) 6,72 € · 25
7,90 € · 16
2,73 € · 67
8,79 € · 79

b) 6,875 kg · 6
15,250 kg · 7
7,932 kg · 30
25,605 kg · 20

c) 6,50 m · 4
8,79 m · 30
15,52 m · 7
8,07 m · 82

9 Wandle in die nächstkleinere Einheit um.

a) 4 min
6 min
5 h
4 h
11 h

b) 4 Tage
12 Tage
28 Tage
5 Wochen
4 Wochen

c) $\frac{1}{4}$ Jahr
$\frac{3}{4}$ Jahr
3 Jahre
10 Jahre
13 Jahre

10 Wandle in die nächstgrößere Einheit um.

a) 240 s
480 s
180 min
240 min
72 h

b) 21 Tage
35 Tage
14 Tage
2 Wochen
4 Wochen

c) 12 Monate
6 Monate
48 Monate
96 Monate
192 Monate

11 Berechne die fehlenden Angaben.

a)

Abfahrt	Fahrzeit	Ankunft
6:25 Uhr	23 min	
7:56 Uhr	1 h 45 min	
9:35 Uhr		10:00 Uhr
12:51 Uhr		13:45 Uhr
	25 min	15:27 Uhr
	2 h 12 min	18:40 Uhr

b)

Datum	vergangene Zeit	Datum
17.05.	1 Woche	
28.11.	16 Tage	
	9 Tage	18.02.
	3 Wochen	31.08.
23.04.	2 Wochen und 3 Tage	

12 Anna geht zu ihrer Oma. Sie verlässt die Wohnung um 14:45 Uhr und braucht 25 Minuten für den Weg. Bei ihrer Oma bleibt Anna $1\frac{1}{4}$ Stunden. Dann geht sie den gleichen Weg zurück. Wann ist Anna wieder zu Hause?

13 Übertrage in dein Heft und ergänze zu symmetrischen Figuren.

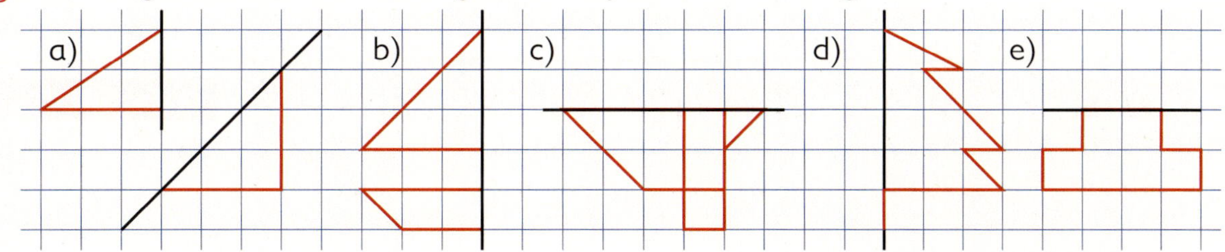

Dividieren mehrstelliger Zahlen durch einstellige Zahlen

„Sport-Otto" bekommt für sein Geschäft 5 Mountainbikes geliefert. Auf der Rechnung steht die Gesamtsumme von 6 185 €. Wie viel Euro kostet ein Mountainbike?

Schreibe so:

```
THZE        THZE
6185 : 5 =  1237
5
11              K: 1237 · 5
10                   6185
 18
 15
  35
  35
   0
```

Sprich so:

6T : 5 = 1T, denn 1T · 5 = 5T Rest 1T

11 H : 5 = 2 H, denn 2 H · 5 = 10 H Rest 1 H

18 Z : 5 = 3 Z, denn 3 Z · 5 = 15 Z Rest 3 Z

35 E : 5 = 7 E, denn 7 E · 5 = 35 E Rest 0

Antwort: Ein Mountainbike kostet 1237 €.

1 Dividiere schriftlich und kontrolliere mit der Umkehraufgabe.

a) HZE 762 : 3 b) HZE 984 : 3 c) HZE 792 : 6 d) HZE 896 : 4

e) THZE 4220 : 5 f) THZE 9415 : 7 g) THZE 9872 : 8 h) THZE 8592 : 6

2

a)	b)	c)
789 : 3	8855 : 7	4672 : 2
924 : 2	9976 : 4	7593 : 3
352 : 4	9848 : 8	8498 : 7
875 : 5	5271 : 3	9756 : 6
936 : 6	7425 : 5	9472 : 8

88 156 175 263
462 1184 1214 1231
1265 1485 1626 1757
2336 2494 2531

3 Im Sportgeschäft stehen 3 Kinderfahrräder im Wert von 927 € und 4 Damenfahrräder im Wert von 1664 €.

WIEDERHOLE

1.	2.	3.	4.	5.
72 : 8	81 : 9	54 : 6	35 : 5	36 : 9
48 : 6	63 : 7	28 : 4	42 : 6	48 : 8
35 : 7	45 : 9	27 : 3	49 : 7	32 : 4

1 und 2: Schriftlich dividieren durch einstellige Zahlen
3: Inhalt erfassen; Fragen stellen; Aufgaben finden, lösen und antworten

AH 52–53 | TÜ 54

Bei „Sport-Otto“ werden in einer Woche 7 gleiche Cityräder für insgesamt 2 268 € verkauft. Wie viel Euro kostet ein Cityrad?

Schreibe so:

```
2268 : 7 = 324
21↓
 16
 14↓
  28
  28
   0

K: 324 · 7
     2268
```

Sprich so:

22 : 7 = 3, denn 3 · 7 = 21 Rest 1

16 : 7 = 2, denn 2 · 7 = 14 Rest 2

28 : 7 = 4, denn 4 · 7 = 28 Rest 0

Antwort: Ein Cityrad kostet 324 €.

1 Dividiere schriftlich und kontrolliere mit der Umkehraufgabe.

a)	b)	c)	d)	e)
876 : 2	966 : 7	1 746 : 2	5 432 : 8	5 358 : 6
732 : 4	936 : 8	3 924 : 4	6 531 : 7	4 445 : 7
945 : 5	684 : 4	4 776 : 6	3 745 : 5	2 952 : 9
912 : 6	864 : 3	2 862 : 9	2 926 : 7	2 868 : 3

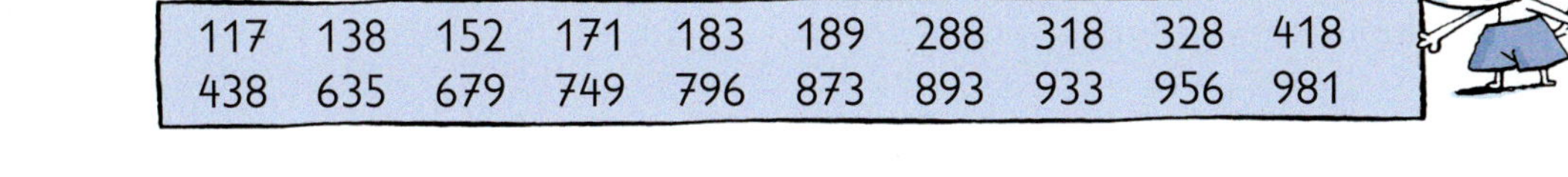

117	138	152	171	183	189	288	318	328	418
438	635	679	749	796	873	893	933	956	981

a) 9 ■68 : 3 = ■■56

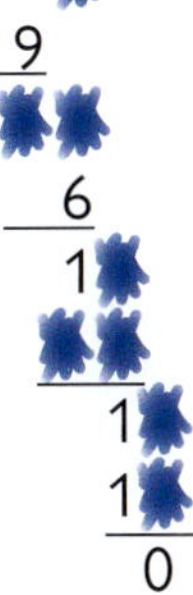

```
9
■■
 6
 1■
 ■■
  1■
  1■
   0
```

b) 14■■2 : ■ = 3■5■

```
12
 26
 ■■
  23
  ■■
   32
   ■■
    ■
```

3 Rechne und kontrolliere mit der Umkehraufgabe.

a)	b)	c)	d)	e)
492 : 2	6 712 : 8	6 573 : 7	5 224 : 8	9 666 : 9
632 : 4	1 376 : 4	3 956 : 4	8 136 : 8	9 215 : 5
735 : 5	8 658 : 9	5 724 : 6	7 854 : 7	7 713 : 3
931 : 7	7 432 : 8	1 548 : 3	8 645 : 5	9 282 : 6

133	147	158	246	344	516	653	839	929	939	954
962	989	1 017	1 074	1 122	1 547	1 729	1 843	2 571		

1 und 3: Schriftlich dividieren und mit der Umkehraufgabe kontrollieren
2: Fehlende Ziffern berechnen

1 7 305 : 3

Max: Ü: 7 200 : 3 = 2 400

Anna: Ü: 7 500 : 3 = 2 500

Lisa: Ü: 6 000 : 3 = 2 000

a) Was meinst du zu den Überschlägen?

b) Wie überschlägst du?

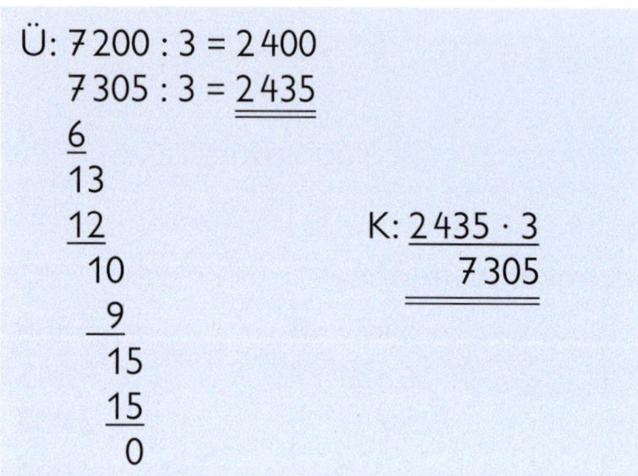

```
Ü: 7200 : 3 = 2400
   7305 : 3 = 2435
   6
   13
   12                 K: 2435 · 3
    10                      7305
     9
     15
     15
      0
```

2 Überschlage zuerst, rechne dann schriftlich und kontrolliere.

a) 8 136 : 4
5 225 : 5
7 236 : 4
8 163 : 9
4 956 : 7

b) 24 492 : 6
81 072 : 9
26 828 : 4
72 136 : 8
56 049 : 7

708 907 1 045 1 809 2 034
4 082 6 707 8 007 9 008 9 017

3 Überschlage, rechne und kontrolliere.

a) 570 : 3
840 : 7
1 530 : 3
2 370 : 6

b) 3 027 : 3
4 036 : 4
8 043 : 7
9 801 : 9

c) 2 560 : 8
8 706 : 6
17 334 : 6
90 426 : 6

d) 10 374 : 7
31 005 : 9
23 792 : 8
42 084 : 6

e) 2 790 : 5
21 654 : 6
23 044 : 7
87 288 : 8

4 Zahlen gesucht

Du erhältst meine Zahl, wenn du 30 264 durch 3 dividierst.

Wenn du meine Zahl mit 4 multiplizierst, erhältst du 28 904.

Wenn du meine Zahl zuerst mit 5 multiplizierst und dann durch 9 dividierst, erhältst du 24 790.

Wenn du meine Zahl zuerst durch 3 dividierst und dann mit 5 multiplizierst, erhältst du 41 065.

Du erhältst meine Zahl, wenn du 63 903 durch 7 dividierst.

Meine Zahl musst du durch 4 dividieren, dann erhältst du 14 650.

WIEDERHOLE

1. 7 200 : 8
6 600 : 6

2. 8 100 : 9
9 800 : 7

3. 5 400 : 6
4 900 : 4

4. 4 800 : 5
8 400 : 6

5. 27 000 : 9
63 000 : 8

1 bis 3: Schriftliches Dividieren mit Nullen und Durchführen eines Überschlages
4: Zahlenrätsel lösen

AH 52–53 | TÜ 54

Dividieren mit Rest

1 Mit der Bergbahn „Sonnenblick" werden 2354 Personen auf den Gipfel des Berges befördert. In einer Gondel dürfen immer 6 Personen mitfahren.

a) Wie viele Gondeln werden besetzt?

Ü: 2400 : 6 = 400
2354 : 6 = 392 Rest 2
18
 55
 54
  14
  12
   2

K: 392 · 6
2352
+ 2
2354

b) Wie viele Gondeln werden benötigt, wenn 1995 Personen auf den Gipfel befördern werden müssen?

2 Überschlage, rechne und kontrolliere.

a)	b)	c)	d)
1218 : 4	18317 : 5	72857 : 2	20360 : 9
2803 : 3	18235 : 4	53609 : 5	36024 : 7
3053 : 7	89238 : 9	50374 : 7	38708 : 6
5913 : 6	25654 : 8	67543 : 8	47653 : 9

3 Beim Frühlingsfest fahren am Wochenende 1238 Personen mit dem Riesenrad. In jeder Gondel sitzen 4 Personen.
Wie viele Gondeln werden besetzt?

4 Mit dem Aufzug werden im Sommer in einer Woche 1065 Personen auf die Aussichtsplattform des Hochhauses am Markt transportiert. Je Fahrt können 9 Personen befördert werden.

5 Denke dir eine Rechengeschichte zu einer Divisionsaufgabe mit Rest aus und löse sie. Erkläre deinem Lernpartner, wie du rechnest.

WIEDERHOLE

1.	2.	3.	4.	5.	6.
25 : 4	30 : 7	55 : 6	78 : 9	28 : 5	87 : 9
44 : 8	26 : 3	56 : 7	35 : 4	26 : 3	48 : 9
19 : 2	48 : 7	22 : 4	38 : 6	58 : 7	38 : 5

1 und 2: Aufgaben mit Rest lösen und über das Ergebnis sprechen
3 und 4: Inhalt erfassen; Frage finden (Nr. 4); Aufgaben finden, lösen und antworten
5: Rechengeschichten ausdenken

Teilbarkeit

MERKE DIR

Eine Zahl ist teilbar
- durch 2, wenn die letzte Ziffer eine 0, 2, 4, 6 oder 8 ist,
- durch 5, wenn die letzte Ziffer eine 0 oder 5 ist,
- durch 10, wenn die letzte Ziffer eine 0 ist.

1

a)	b)	c)	d)
6343 : 2	8950 : 5	16206 : 10	36258 : 2
12352 : 2	57601 : 5	20138 : 10	54895 : 5
8909 : 2	64535 : 5	89250 : 10	26320 : 10
17707 : 2	74509 : 5	45699 : 10	69356 : 5

2 Finde Zahlen, die durch 2 oder durch 5 oder durch 10 teilbar sind.

3 Finde Zahlen, die sowohl durch 2, durch 5 als auch durch 10 teilbar sind.

MERKE DIR

Eine Zahl ist teilbar
- durch 3, wenn ihre Quersumme durch 3 teilbar ist,
- durch 9, wenn ihre Quersumme durch 9 teilbar ist.

Beispiele:

17952 : 3
Quersumme der Zahl 17952 bestimmen: 1 + 7 + 9 + 5 + 2 = 24

24 : 3 = 8 Die Quersumme ist durch 3 teilbar, dann ist die Zahl 17952 durch 3 teilbar.

27369 : 9
Quersumme der Zahl 27369 bestimmen: 2 + 7 + 3 + 6 + 9 = 27

27 : 9 = 3 Die Quersumme ist durch 9 teilbar, dann ist die Zahl 27369 durch 9 teilbar.

4 Überprüfe, ob die Zahlen durch 3 und 9 teilbar sind.

a)	b)	c)	d)	e)
19020	47241	4927	16011	345821
23841	254336	124352	14523	93012
53821	65022	75321	248211	78021
6453	633042	54381	75654	328253

5 Finde mindestens 5 dreistellige Zahlen, die durch 3 teilbar sind.

6 Finde mindestens 5 vierstellige Zahlen, die durch 9 teilbar sind.

7 Finde Zahlen, die sowohl durch 3 als auch durch 9 teilbar sind.

1 und 4: Teilbarkeit überprüfen und Aufgaben lösen
2, 3, 5, 6, 7: Zahlen finden, die den Anforderungen entsprechen

AH 55 | TÜ 56

1 Prüfe die Teilbarkeit dieser Zahlen mit Hilfe der Teilbarkeitsregeln. Fertige eine Tabelle an.

a)	b)	c)	d)	e)
844	66 330	23 463	16 324	220 362
6 428	127 320	245 313	225 440	5 332
87 300	39 744	4 320	38 250	73 416
26 480	529 328	145 236	497 952	312
7 535	1 862	753 530	8 001	20 007

Zahl	teilbar durch				
	2	3	5	9	10
344	X				
12 663		X		X	

2 Finde mindestens 3 fünfstellige Zahlen, die teilbar sind durch

a) 2, b) 5, c) 10, d) 3, e) 9.

3 Finde 3 Zahlen, die durch

a) 3 und 5, b) 2 und 5, c) 2, aber nicht durch 4,
d) 10, e) 3, aber nicht durch 9, f) 2, 5 und 9 teilbar sind.

4 Suche mindestens 5 gerade Zahlen, die durch 3 teilbar sind.

5 Spiel für zwei: Jeder zieht 5 Ziffernkärtchen.

a) Bildet Zahlen, die durch 3 teilbar sind.

b) Bildet Zahlen, die durch 9 teilbar sind.

c) Bildet Zahlen, die durch 2 teilbar sind.

Wer findet die meisten Zahlen?

6 Schreibe alle Zahlen auf,

a) die zwischen 5 240 und 5 260 liegen und durch 2 teilbar sind,

b) die zwischen 10 350 und 10 510 liegen und durch 5 und 10 teilbar sind,

c) die zwischen 8 270 und 8 410 liegen und sowohl durch 3 als auch durch 9 teilbar sind.

1: Anwenden der Teilbarkeitsregeln; Teilbarkeit in einer Tabelle ankreuzen
2, 3, 4, 6: Zahlen finden, die den Anforderungen entsprechen 5: Spiel mit Ziffernkärtchen

Dividieren von Größenangaben in Kommaschreibweise

1 Drei Freunde teilen sich einen Lottogewinn von 185,82 €.
Wie viel Euro erhält jeder, wenn der Gewinn gleichmäßig aufgeteilt wird?

So rechnet Max:

Ü: 180 € : 3 = 60 €

185,82 € : 3 = 61,94 €
18
 05
  3
  28
  27
   12
   12
    0

K: 61,94 € · 3
185,82 €

Anna wandelt in Cent um.

185,82 € = 18 582 ct
Ü: 18 000 ct : 3 = 6 000 ct

18 582 ct : 3 = 6 194 ct
18
 05
  3
  28
  27
   12
   12
    0

K: 6 194 ct · 3
18 582 ct

18 582 ct = 185,82 €

Antworte.

Wenn du beim Rechnen im Dividenden das Komma überschreitest, musst du es auch im Quotienten setzen.

2 Berechne die Einzelpreise. Kontrolliere.

Sonderangebote

Schnittkäse	3 Packungen	3,87 €	Knusperbrot	6 Packungen	2,94 €
Milchgetränk	4 Flaschen	1,96 €	Nudeln	3 Packungen	2,31 €
Joghurt	9 Becher	4,14 €	Saft	6 Flaschen	5,28 €
Fischstäbchen	3 Packungen	4,98 €	Schokolade	10 Tafeln	7,20 €
Margarine	4 Becher	2,36 €	Pfirsiche	5 Dosen	2,95 €

3

a)	b)	c)	d)
26,35 m : 5	12,273 km : 3	34,608 t : 8	28,244 kg : 2
137,25 m : 9	85,644 km : 9	3,038 t : 7	9,305 kg : 5
253,33 m : 7	4,029 km : 3	66,426 t : 6	12,024 kg : 6
98,49 m : 7	7,324 km : 4	9,574 t : 2	83,655 kg : 9
54,32 m : 8	45,396 km : 6	91,008 t : 9	6,502 kg : 2

1 und 3: Schriftliches Dividieren von Größenangaben in Kommaschreibweise
2: Einzelpreise berechnen

AH 56 | TÜ 58

Punktrechnung und Strichrechnung in einer Aufgabe

1 Beim Schulfest der Lindenschule erbrachte der Kuchenbasar einen Erlös von 369 €, die Tombola einen Erlös von 278 € und der Trödelmarkt einen Erlös von 305 €.

Die Gesamteinnahmen werden auf 7 Klassen gleichmäßig aufgeteilt. Wie viel Euro erhält jede Klasse?

So kannst du rechnen:

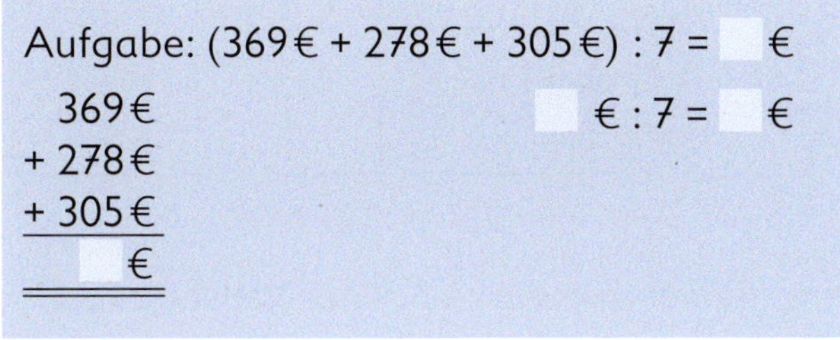

Aufgabe: $(369\,€ + 278\,€ + 305\,€) : 7 = \square\,€$

$$\begin{array}{r} 369\,€ \\ +\ 278\,€ \\ +\ 305\,€ \\ \hline \square\,€ \end{array}$$

$\square\,€ : 7 = \square\,€$

Antworte.

Tipp:
Löse immer erst die Aufgabe in der Klammer.
Beispiele:
$(225 + 17) \cdot 2 = \square$
$242 \cdot 2 = 484$
$(478 - 28) : 5 = \square$
$450 : 5 = 90$

Rechne und vergleiche die Lösungen. Was stellst du fest? Erkläre deine Feststellung.

2 a) $(348 + 276) : 4$ b) $455 : 7 - 2$ c) $714 : 6 - 3$
$348 + 276 : 4$ $455 : (7 - 2)$ $714 : (6 - 3)$

3 a) $324 : 6 + 132 : 6$ b) $936 : 8 + 432 : 8$ c) $1638 : 7 - 924 : 7$
$(324 + 132) : 6$ $(936 + 432) : 8$ $(1638 - 924) : 7$

4

a	a : 7	a : 7 + 289
632		
1652		
4578		
4823		

5

b	6 · b	6 · b + 200
254		
	3534	
		2342
	3828	

6 Welche Zahlen kannst du einsetzen?

a) $a \cdot 323 + 28 < 1000$ b) $294 : 7 - 40 > b$
$126 - 484 : 4 > c$ $2 \cdot d + 2 \cdot 523 < 1056$

WIEDERHOLE

1. $(3 + 4) \cdot 7$ / $3 + 4 \cdot 7$
2. $8 \cdot (12 - 8)$ / $8 \cdot 12 - 8$
3. $6 \cdot 3 + 4 \cdot 5$ / $6 \cdot (3 + 4) \cdot 5$
4. $5 \cdot 9 + 15$ / $5 \cdot (9 + 15)$
5. $4 \cdot 8 + 12$ / $4 \cdot (8 + 12)$

1: Regeln für Klammern, Punktrechnung und Strichrechnung wiederholen
2 bis 6: Regeln anwenden

Durchschnitt

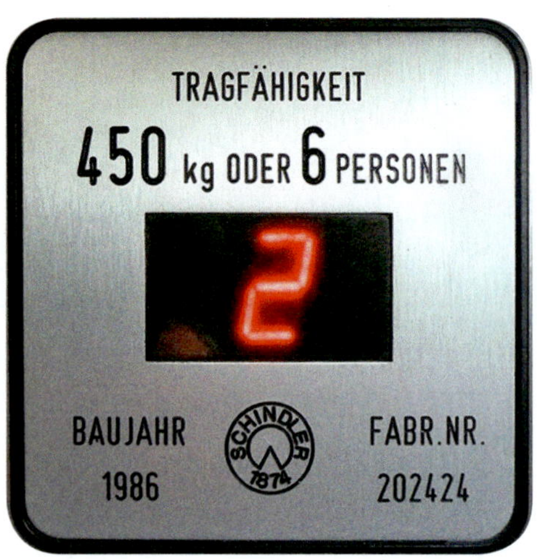

1 a) Von welchem durchschnittlichen Gewicht pro Person geht man aus, wenn 6 Personen mitfahren dürfen?
b) Berechne.
Vervollständige die Tabelle im Heft.

Tragfähigkeit	800 kg	960 kg	640 kg	720 kg	574 kg
Personenzahl	10	12	8	9	7
Durchschnitts-gewicht pro Person					

2 Addiere immer die drei Zahlen. Dividiere die Summe durch 3. Was stellst du fest?

a)	b)	c)	d)	e)	f)	g)
132	254	370	2012	2222	354	1229
133	257	470	4012	4444	708	2458
134	260	570	6012	6666	1062	3687

Den **Durchschnitt** erhältst du, wenn du die Summe der Zahlen durch die Anzahl ihrer Summanden dividierst. **MERKE DIR**

3 Die Tabelle enthält die Anzahl der Schüler in den Klassen 1 bis 4 einer Grundschule.

Klassen	1a	1b	2a	2b	3a	3b	4a	4b
Anzahl der Kinder	23	26	26	21	19	22	18	21

a) Berechne, wie viele Kinder im Durchschnitt in einer Klasse sind.
b) Veranschauliche die Anzahl der Schüler in einem Streifendiagramm.

4 Beim Sportfest benötigen die Jungen der Klasse 4b beim Lauf unterschiedliche Zeiten für eine kleine Runde.

Jungen	Max	Tim	Til	Ben	Nick	Jonas	Pascal	Marcel
Zeit	67 s	72 s	75 s	68 s	76 s	73 s	69 s	76 s

a) Berechne die durchschnittliche Zeit für eine Runde.
b) Veranschauliche die Zeiten in einem Streifendiagramm.

1 und 2: Durchschnitte berechnen
3 und 4: Durchschnitte berechnen und Streifendiagramm anfertigen

AH 58 | TÜ 58

Dividieren durch zweistellige Zahlen

12 040 : 70

Ü: 14 000 : 70 = 200
12 040 : 70 = 172
70
504
490
140
140
0

K: 172 · 70
12 040

120 : 70 = 1 R50

504 : 70 = 7 R14

140 : 70 = 2

1 Überschlage, rechne und kontrolliere mit der Umkehraufgabe.

a) 972 : 3
9 720 : 30
726 : 6
7 260 : 60

b) 7 854 : 7
78 540 : 70
6 345 : 5
63 450 : 50

c) 6 820 : 20
4 950 : 50
6 880 : 40
9 060 : 60

d) 80 200 : 40
36 260 : 70
73 260 : 90
67 520 : 80

Die Malfolge der 12 hilft beim Rechnen.

Ich nutze die Folge der 25.

2 4 512 : 12

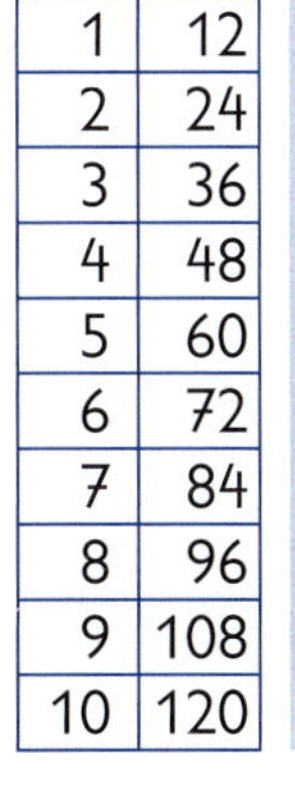

1	12
2	24
3	36
4	48
5	60
6	72
7	84
8	96
9	108
10	120

Ü: 4 800 : 12 = 400
4 512 : 12 = 376
36
91
84
72
72
0

K: 376 · 12
376
752
4 512

5 925 : 25

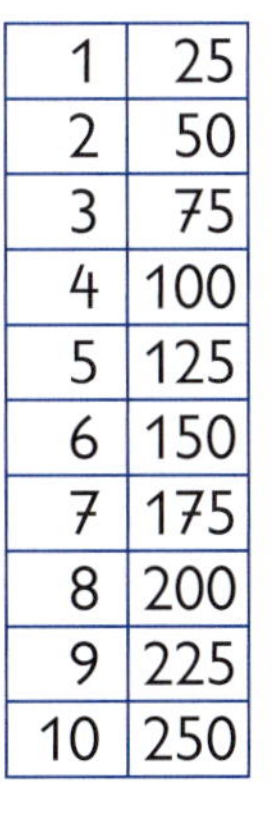

1	25
2	50
3	75
4	100
5	125
6	150
7	175
8	200
9	225
10	250

Ü: 5 000 : 25 = 200
5 925 : 25 = 237
50
92
75
175
175
0

K: 237 · 25
474
1 185
5 925

3 Rechne und kontrolliere mit der Umkehraufgabe.

a) 6 192 : 12
10 380 : 12
3 456 : 12

b) 7 800 : 25
4 625 : 25
6 575 : 25

c) 9 156 : 12
5 868 : 12
1 488 : 12

d) 3 100 : 25
8 225 : 25
5 975 : 25

1: Dividieren durch Zehnerzahlen
2 und 3: Dividieren durch 12 und durch 25

Sachaufgaben – Abschlussfahrt

1 Die Kinder der Klasse 4a fahren zu ihrer Abschlussfahrt 5 Tage an die Ostsee.

Es fahren: 21 Kinder
2 Betreuer

Kosten: Bahnfahrt: 1968,80 €
Verpflegung und Unterkunft: 2171,20 €

Unterbringung: je Zimmer 4 Kinder; Erwachsene 1 Person pro Zimmer

a) Wie viel Euro kostet die Bahnfahrt für eine Person?
b) Wie viel Euro muss jedes Kind für Unterkunft und Verpflegung bezahlen?
c) Wie viel kosten die Unterkunft und Verpflegung pro Tag für jeden Teilnehmer?
d) Wie viele Zimmer werden zur Unterbringung benötigt?

2 Die Klasse 4a will mit dem Zug von Leipzig über Stralsund zum Ostseebad Binz fahren. Der Fahrplan gibt zwei Möglichkeiten für die Abreise an.

Leipzig Hbf	ab 7:51	ab 8:51
Berlin-Hbf Berlin-Hbf	an 9:07 ab 9:44	an 10:07 ab 10:33
Stralsund Stralsund	an 12:51 ab 13:01	an 14:01 ab 14:40
Ostseebad Binz	an 13:53	an 14:57

a) Berechne die Fahrzeiten von Leipzig nach Berlin, von Berlin nach Stralsund und die Gesamtfahrzeit von Leipzig nach Binz.
b) Vergleiche beide Fahrzeiten. Was stellst du fest?

1 und 2: Inhalte erfassen; Aufgaben finden, lösen und antworten

1 Die 21 Kinder wandern 90 Minuten am Strand entlang und erreichen dann die Eisbar „Pinguin". Für Eis und Getränke werden pro Person 3,85 € berechnet. Wie viel Euro muss die Lehrerin insgesamt bezahlen?

2

Eintritt

Kinder unter 3 Jahren	frei
Kinder bis 12 Jahre	2,35 €
Erwachsene	3,70 €
Gruppenkarte (10 Kinder)	19,50 €

Am 2. Urlaubstag besuchen die Kinder zusammen mit der Sportlehrerin das Schwimmbad „Zur blauen Welle".

a) Wie viel Euro muss die Lehrerin insgesamt bezahlen?

b) Wie viel Euro sparen sie durch den Kauf von Gruppenkarten ein?

3 Am Mittwochnachmittag ist eine Fahrt mit dem „Rasenden Roland" geplant. Paul muss im Heim bleiben, weil er sich am Fuß verletzt hat. Sein Freund Tom bleibt bei ihm. Für die Hin- und Rückfahrt bezahlt die Lehrerin pro Kind 3,85 € und pro Erwachsenen 7,35 €.

a) Wie viel Euro muss sie insgesamt bezahlen?

b) Bis zum Bahnhof laufen die Kinder 1 km 92 m. Wie lang sind Hin- und Rückweg zusammen, wenn die Gruppe auf dem Rückweg eine Umleitung von 340 m gehen muss?

4 Für den Abend planen die Lehrerinnen eine Nachtwanderung, bei der die Kinder 250 m allein durch den Wald gehen sollen. Sie wollen vom Start bis zum Ziel alle 25 m eine Lampe als Wegweiser aufstellen. Wie viele Lampen benötigen sie? Zeichne eine Skizze.

5 In ihrer freien Zeit spielen die Kinder gern mit Karten. Tom, Max, Ben und Anna haben zusammen 50 Karten. Tom hat halb so viele Karten wie Max. Ben hat 5 Karten mehr als Tom. Anna hat 5 Karten. Wie viele Karten hat jedes Kind?

Tom	Max	Ben	Anna
			5

1 bis 5: Inhalte erfassen; Aufgaben finden, lösen und antworten
4: Skizze anfertigen 5: Tabelle anfertigen

Kombinieren

1 Sonne, Mond und Sterne verdecken die Zahlen.
Finde die verdeckten Zahlen.

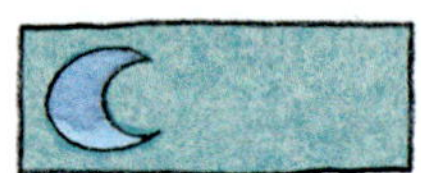

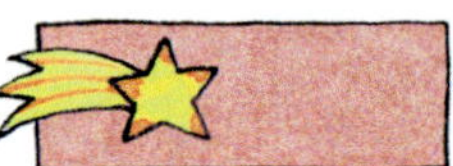

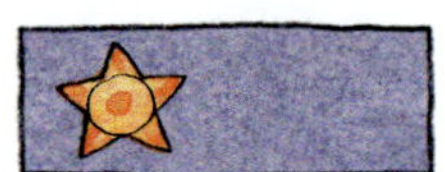

2 Zeichne diese Figur in dein Heft.
Trage die Zahlen von 1 bis 8 in die Quadrate so ein, dass die Summe aus den drei Zahlen auf einer geraden Linie 14 beträgt.

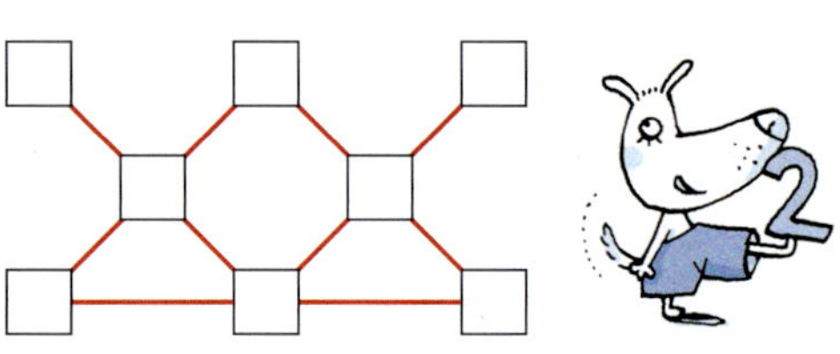

3 Max hat an seinem Koffer ein Schloss, das sich nur mit einer Zahlenkombination aus den Ziffern 1, 3, 4 und 6 öffnen lässt. Er hat die Zahlenkombination vergessen und muss probieren, bei welcher Kombination der Ziffern sich der Koffer öffnet.
Wie viele Kombinationsmöglichkeiten gibt es?

Schreibe sie so auf: 1346 1436 1634 1364 1463 …

4 Es kommen Vögel geflogen.
Wenn sie sich einzeln auf die Bäume setzen, dann bleibt ein Vogel übrig.
Setzen sie sich aber paarweise auf die Bäume, dann bleibt ein Baum ohne Vogel.
Wie viele Vögel und wie viele Bäume sind es?

1: Zahlen für die Symbole finden 2: Zahlen so eintragen, dass sie die Summe 14 ergeben
3: Alle Zahlenkombinationen finden 4: Anzahl der Vögel und Bäume bestimmen

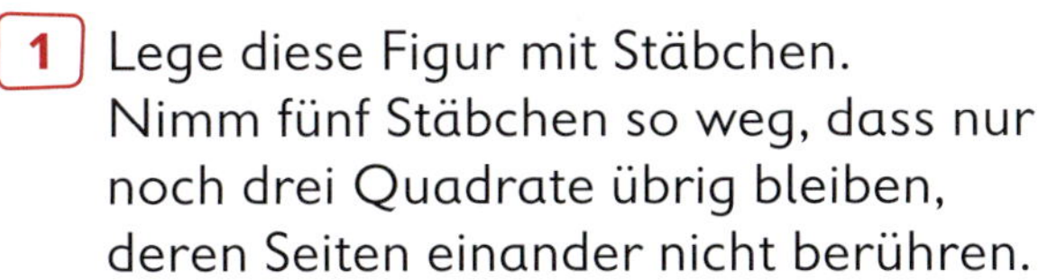

1 Lege diese Figur mit Stäbchen.
Nimm fünf Stäbchen so weg, dass nur noch drei Quadrate übrig bleiben, deren Seiten einander nicht berühren.

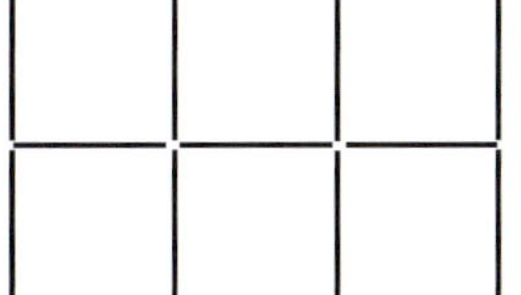

2 a) Ben hat vier Dreiecke mit 12 Stäbchen gelegt. Lege sie nach.
b) Maria behauptet, sie kann mit nur neun Stäbchen vier Dreiecke legen. Kannst du das auch?
c) Lisa schafft es sogar, mit nur sechs Stäbchen vier Dreiecke herzustellen. Wie macht sie das?

Tipp:
Es gibt Körper, die haben Dreiecke als Begrenzungsflächen.

3 Tom bekommt neun Münzen, die gleich aussehen.
Eine Münze davon ist leichter als die anderen Münzen.
Wie findet er heraus, welche die leichtere Münze ist?

Zum Wiegen darf er diese Waage ohne Gewichtsstücke verwenden. Er darf nur zweimal wiegen, kann aber mehrere Münzen auf die Waage legen.

4 Ein Junge hat so viele Schwestern wie Brüder.
Seine Schwestern haben halb so viele Schwestern wie Brüder.
a) Wie viele Kinder gibt es in dieser Familie?
b) Wie viele Jungen und Mädchen sind es?

5 Maria und ihre vier Freundinnen stoßen zu ihrer Geburtstagsfeier mit ihren Gläsern an.
Jedes Kind stößt genau einmal mit jedem Kind an.
Wie oft macht es „kling“?

1 und 2: Figuren nach Vorlage legen 3: Erfassen, dass mit 3 Münzen auf jeder Waagschale begonnen werden muss 4: Anzahl der Kinder sowie der Jungen und Mädchen bestimmen
5: Anzahl des Anstoßens bestimmen

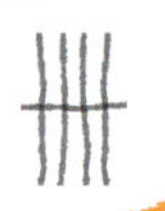

Daten – Häufigkeiten – Wahrscheinlichkeit

1 Kinder sind im Straßenverkehr besonders gefährdet. Die Polizei hat in einer Tabelle die Verkehrsunfälle von Kindern im Alter bis 14 Jahre zusammengestellt.

Jahr	als Fußgänger	als Radfahrer
2011	7 566	10 918
2012	7 171	9 892
2013	6 870	9 219
2014	6 679	9 547

a) Beschreibe, wie sich die Unfallzahlen in den vier Jahren bei den Fußgängern und bei den Radfahrern verändert haben.

b) Vergleiche die Entwicklung der Unfälle von 2011 zu 2012 mit der Entwicklung von 2013 zu 2014 bei den Fußgängern und bei den Radfahrern.
Berechne dazu die Verringerung oder Steigerung der Unfälle.

c) Fertige ein Streifendiagramm zur Entwicklung der Unfälle an. Runde dazu die Unfallzahlen auf Tausender. Verwende für die Streifen der Fußgänger und Radfahrer verschiedene Farben. 1 Kästchen soll 1 000 Unfälle bedeuten.

2 Das Streifendiagramm zeigt, wie viele Kinder des 4. Schuljahres an der Fahrradprüfung teilgenommen haben.

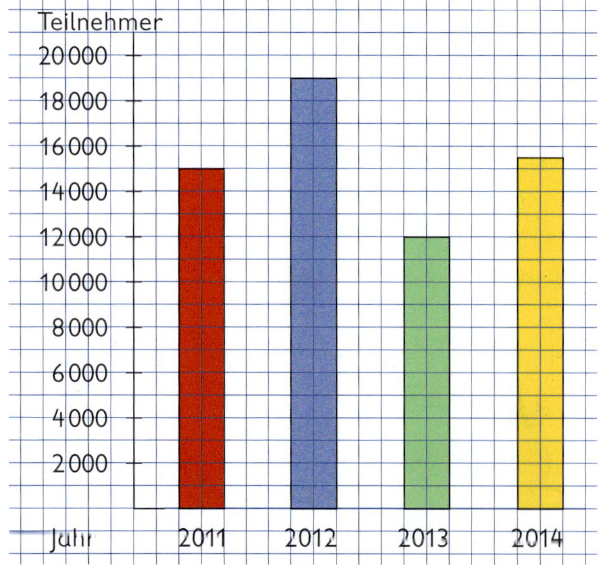

a) Wie viele Kinder haben in jedem Jahr an der Prüfung teilgenommen?

b) In welchem Jahr haben weniger als 14 000 Kinder an der Prüfung teilgenommen?

c) In welchen Jahren haben mehr als 15 000 Kinder an der Prüfung teilgenommen?

d) Stimmt es? 2013 haben 3 000 Kinder weniger an der Prüfung teilgenommen als 2011. Begründe.

1: Unfallzahlen deuten; Entwicklung des Unfallgeschehens anhand der Zahlen erläutern; Verringerung bzw. Steigerung berechnen
2: Anzahl der Teilnehmer ablesen und Zahlen miteinander vergleichen

AH 62 | **TÜ** 60

1 Im Rathaus einer Stadt hängt dieses Streifendiagramm mit dem Aufruf an alle Bürger, weniger Müll zu erzeugen.

a) Lies ab, wie viel Kilogramm Müll jeder Bürger in den Jahren erzeugt hat.

b) Vergleiche die Müllmengen in den Jahren von 2012 bis 2015 miteinander. Was stellst du fest?

c) Stimmt es, dass 2015 von jedem Bürger doppelt so viel Müll erzeugt wurde wie im Jahr 2013?

d) Wie viel Kilogramm Müll hat jeder Bürger im Jahr 2012 weniger erzeugt als im Jahr 2013?

Durchschnittliche Müllmenge je Bürger in Kilogramm

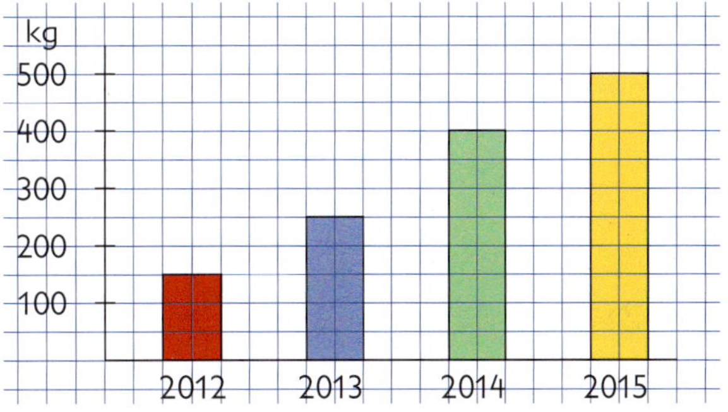

2 Zahlen aus der Altglassammlung

a) Zeichne ein Streifendiagramm mit 1 Kästchen für 100 000 t.

b) Stimmt es, dass 2014 rund doppelt so viel Glas wie 2010 und rund viermal so viel wie 2008 gesammelt wurde? Begründe.

Jahr	Menge
2008	150 000 t
2010	320 000 t
2012	490 000 t
2014	630 000 t

3 Entscheide: „ist möglich“, „ist sicher“ oder „ist unmöglich“.

- ◯ In den kommenden Jahren werden die Menschen weniger Müll erzeugen.
- ◯ Es wird eine Zeit kommen, in der kein Müll mehr erzeugt wird.
- ◯ Aus alten Gläsern und Flaschen wird neues Glas hergestellt.
- ◯ Verpackungspapier kann aus Altpapier hergestellt werden.
- ◯ Die Unfälle, an denen Kinder beteiligt sind, werden weniger.
- ◯ Wenn alle Menschen die Verkehrsregeln einhalten, gibt es keine Verkehrsunfälle.

1: Müllmenge für jedes Jahr ablesen; Mengen vergleichen; Differenzen berechnen
2: Diagramm anfertigen; Aussage überprüfen 3: Wahrscheinlichkeit bestimmen und begründen

Maßstab – Vergrößern

Vergrößert
Maßstab 3 : 1

Größe in Wirklichkeit
Maßstab 1 : 1

Maßstab
3 : 1
3 cm im Bild
sind 1 cm in
Wirklichkeit.

1 Miss die Längen. Berechne die Körperlängen nach dem Maßstab.

Maßstab 2 : 1

Maßstab 4 : 1

Maßstab 3 : 1

Maßstab 3 : 1

2 Zeichne im Maßstab 2 : 1.

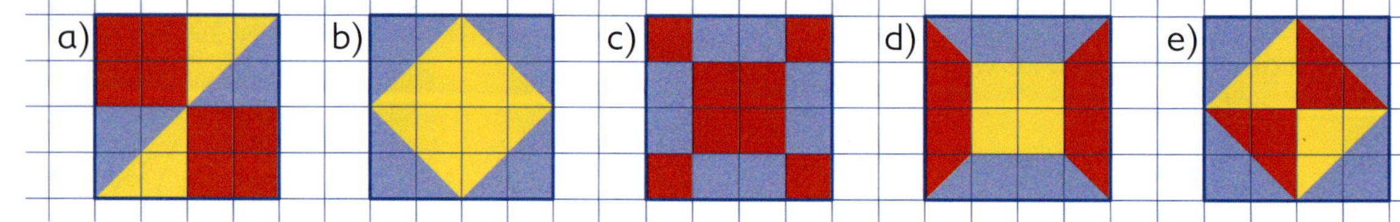

3 Zeichne die Buchstaben im Maßstab 2 : 1.
Wie kannst du kontrollieren, ob du richtig gezeichnet hast?

ZAHL BIENE

4

Vergrößerte Länge	8 cm	40 mm	60 mm			
Maßstab	4 : 1	5 : 1	10 : 1	20 : 1	50 : 2	100 : 1
Länge in Wirklichkeit				8 cm	5 mm	20 mm

1: Länge in der Wirklichkeit berechnen 2 und 3: Bilder und Buchstaben vergrößert zeichnen
4: Wirkliche bzw. vergrößerte Längen berechnen

Maßstab – Verkleinern

Verkleinert
Maßstab 1 : 2

Größe in Wirklichkeit
Maßstab 1 : 1

1 Miss die Längen. Berechne die Längen in Wirklichkeit nach dem Maßstab.

Maßstab 1 : 30

Maßstab 1 : 1

Maßstab 1 : 10

Maßstab 1 : 20

2 a) Zeichne die Stifte im Maßstab 1 : 2 in dein Heft. Überprüfe deine Zeichnung.

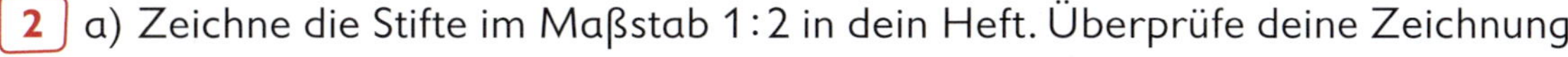

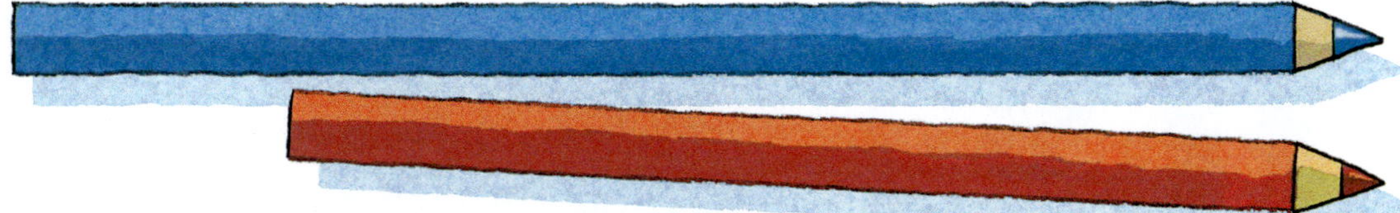

b) Suche eigene Beispiele. Gib den Maßstab an und zeichne sie.

3 Zeichne Gegenstände verkleinert.

a) Toms Schultasche ist 30 cm lang und 40 cm breit. Zeichne sie im Maßstab 1 : 10.
b) Ein Trinkglas ist 12 cm hoch und 6 cm breit. Zeichne es verkleinert. Gib den Maßstab an.
c) Suche eigene Beispiele. Gib den Maßstab an und zeichne sie.

4

Verkleinerte Länge	4 cm	40 mm	60 mm			
Maßstab	1 : 4	1 : 5	1 : 10	1 : 20	1 : 50	1 : 100
Länge in Wirklichkeit	16 cm			80 cm	1 m	3 m

1: Länge in der Wirklichkeit berechnen 2: Bilder durch Zeichnen verkleinern
3: Gegenstände verkleinert zeichnen; günstige Maßstäbe finden
4: Wirkliche und verkleinerte Längen berechnen

Maßstäbe

1 Familie Schulz besucht die Hauptstadt Berlin. Im Prospekt ihres Hotels ist ein Zweibettzimmer im Maßstab 1 : 100 abgebildet.

a) Wie lang und wie breit ist das Zimmer in Wirklichkeit?

b) Welche Maße für die Möbel kannst du aus der Zeichnung bestimmen?

c) Wie breit sind Tür und Fenster?

d) Zeichne die Umrisse deines Zimmers im Maßstab 1 : 100 auf. Miss dazu die Länge und Breite.

Maßstab

1	:	100
Bild		Wirklichkeit
1 cm		100 cm = 1 m
im Bild	entspricht	in Wirklichkeit

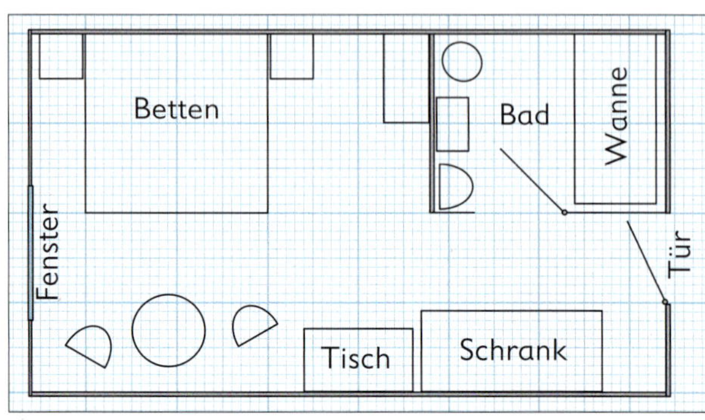

2 a) In welchem Maßstab sind diese Sehenswürdigkeiten von Berlin abgebildet?

Fernsehturm

Höhe 368 m

Brandenburger Tor

Höhe 26 m

Funkturm

Höhe 150 m

b) Sucht aus Zeitungen oder Zeitschriften Beispiele aus eurem Heimatort.

3 In welchem Maßstab kann man zeichnen:
ein Hochhaus mit der Höhe von 40 m, ein Schiff mit einer Länge von 250 m, ein Fußballfeld mit der Länge von 120 m und einer Breite von 70 m?

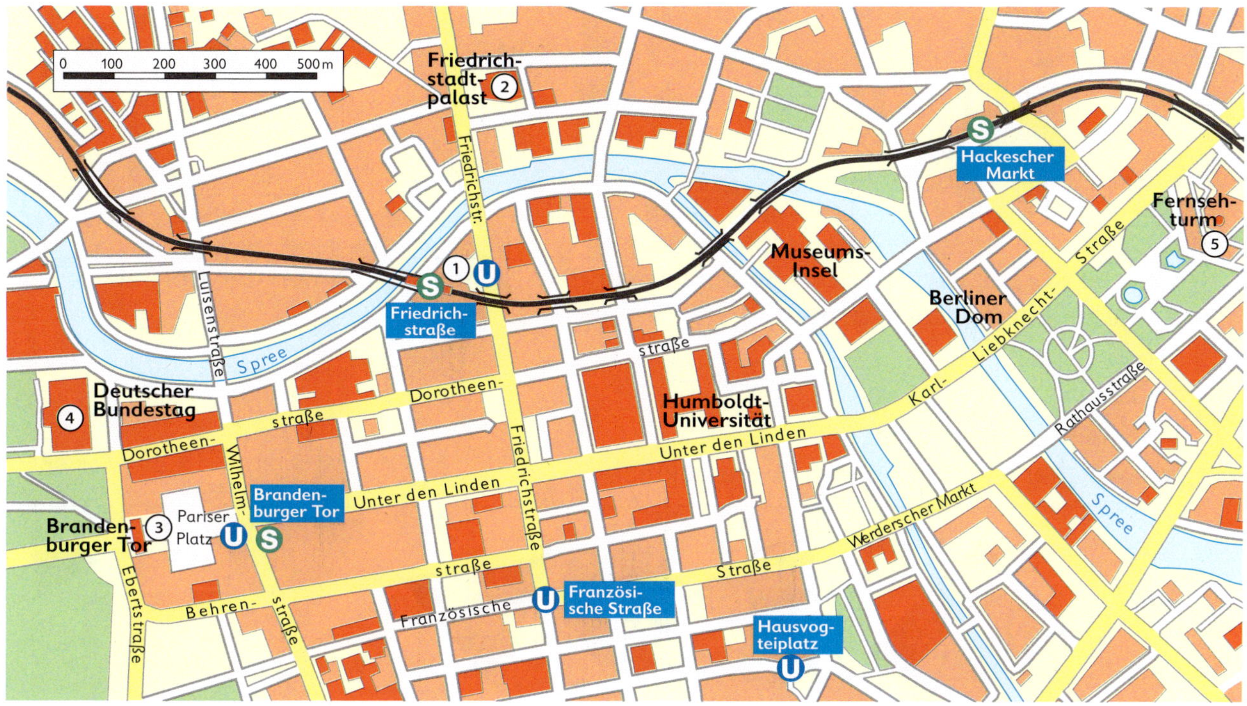

1 Stadtplanausschnitt von Berlin im Maßstab 1 : 15 000

a) Wie viel Meter in Wirklichkeit sind ein Zentimeter auf dem Bild?

b) Wie weit sind die Wege
- ○ vom S-Bahnhof Friedrichstraße ① zum Friedrichstadtpalast ②,
- ○ vom Brandenburger Tor ③ zum Deutschen Bundestag ④?

c) Gib mindestens zwei weitere Strecken an und ermittle ihre Längen.

d) Wie viel Zeit brauchst du zu Fuß vom Fernsehturm ⑤ zum Brandenburger Tor ③, wenn du in einer Stunde etwa 4 Kilometer gehst?

2 Auf Karten und Plänen werden unterschiedliche Maßstäbe angegeben. Fertige im Heft eine Übersicht wie im Beispiel an.

Pläne/Karten	Maßstab	1 cm im Bild entspricht in Wirklichkeit
Gebäudepläne	1 : 1 000	
Stadtpläne	1 : 20 000	
Landkarten	1 : 100 000	

3 Bestimme mit einem Plan deines Heimatortes Entfernungen. Beachte dabei den Maßstab. Sprich mit deinem Lernpartner darüber.

Körper

1 a) b) c)

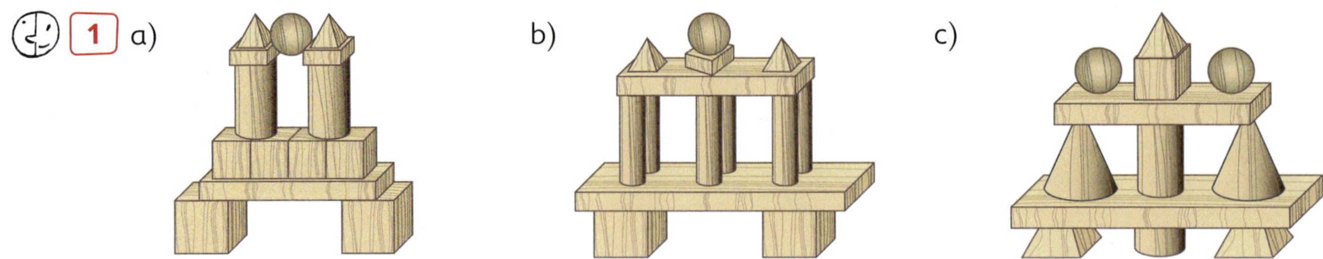

Welche Körper wurden beim Bauen verwendet? Nenne die Namen der Körper.
Zeige sie deinem Lernpartner.

2 Wie heißen die Körper?
Mit welchen Flächen kannst du sie bekleben?

a) A B 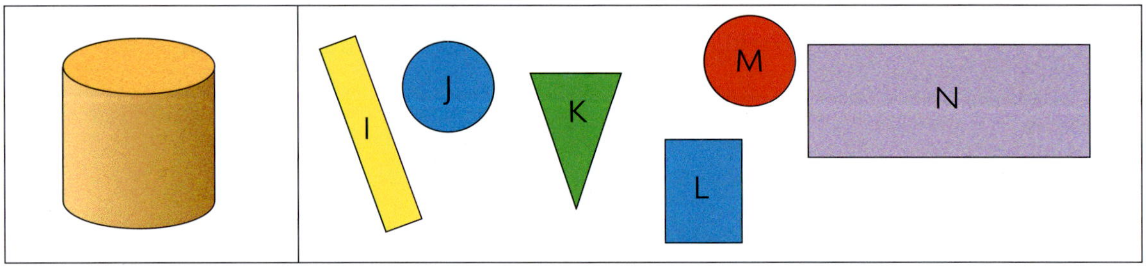 C 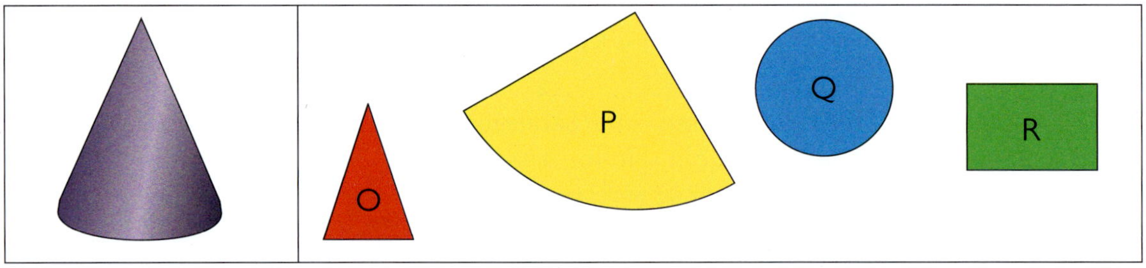 D E F G H

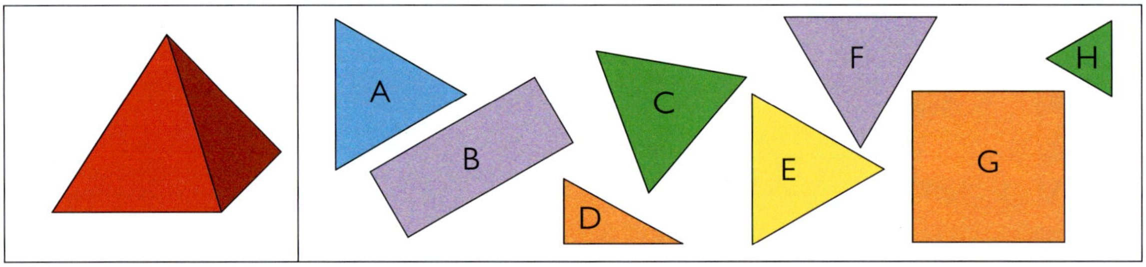

b) I J K L M N

c) O P Q R

d) S T U V W X Y Z

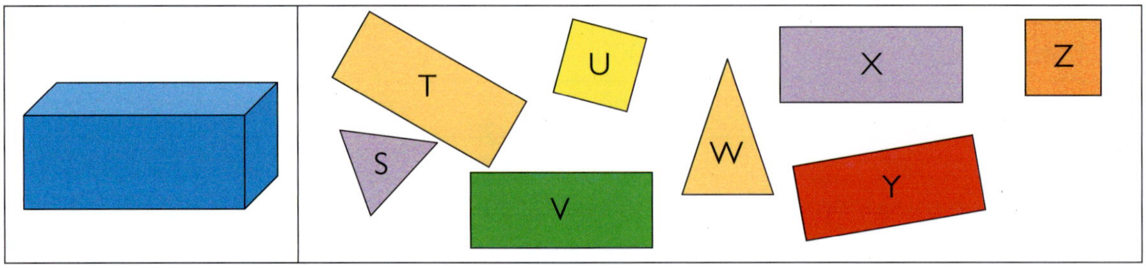

1: Körper erkennen und benennen
2: Begrenzungsflächen bestimmen

1 Suche Wege auf den Kanten des Quaders.

Schreibe sie so auf: A → D → C → B

Zeige sie deinem Lernpartner.

a) von A nach G b) von D nach B
c) von F nach D d) von H nach B
e) von G nach D f) von F nach A

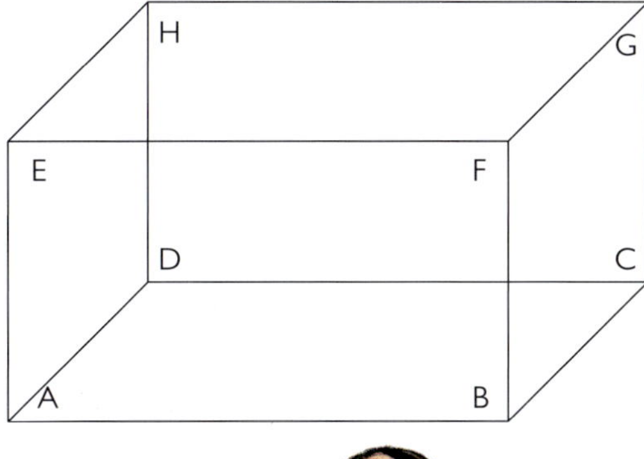

2 Wege am Quader: Wo kommst du an?

a) von A nach hinten, dann nach oben, dann nach rechts
b) von C nach vorn, dann nach links, dann nach hinten
c) Erfinde selbst eine Wegbeschreibung.

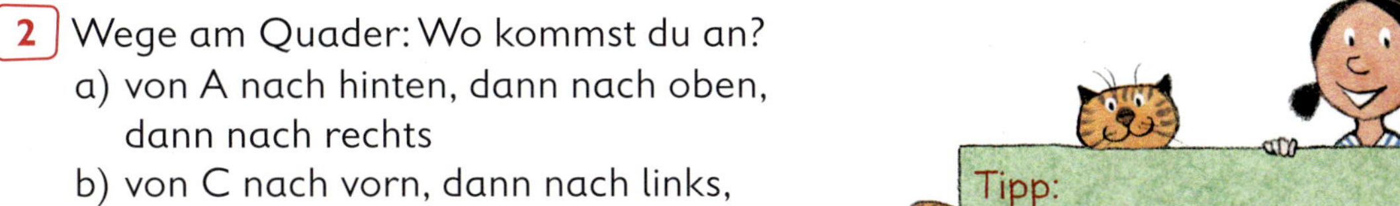

Tipp:
Es gibt immer mehrere Möglichkeiten.

3 Beschreibe einen dieser Körper. Dein Lernpartner sagt, welchen Körper du meinst.

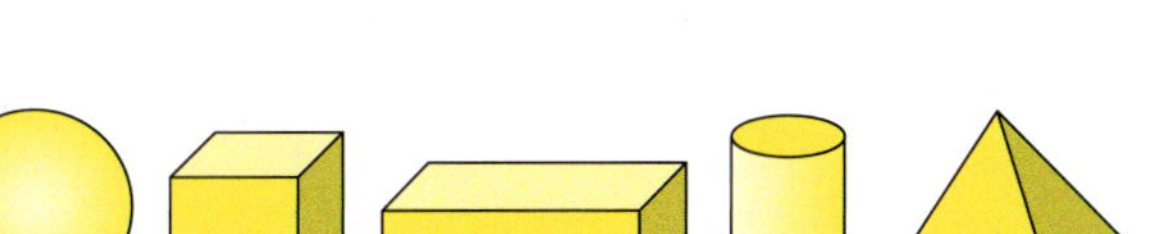

4 Die Kinder beschreiben Körper. Wie heißen sie?

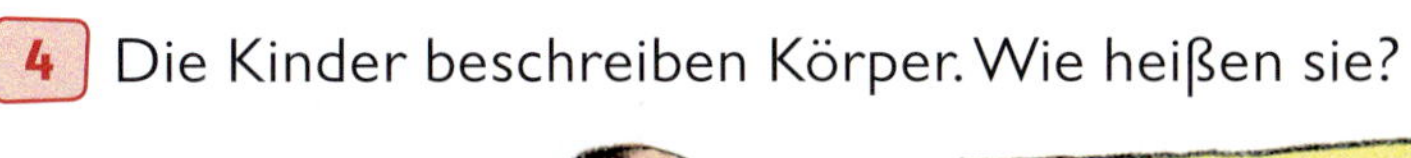

Der Körper hat 8 Ecken, 12 Kanten und 6 rechteckige Flächen.

5 Wahr oder falsch?

a) Für das Kantenmodell eines Würfels benötigt man 8 Stäbchen und 8 Kügelchen.
b) Ein Quader kann 2 quadratische und 4 rechteckige Flächen haben.
c) Für das Kantenmodell einer Pyramide benötigt man 6 Stäbchen und 4 Kügelchen.
d) Beim Würfel ist die Anzahl der Ecken gleich der Anzahl der Kanten.

WIEDERHOLE

1. Wie viele Flächen hat: a) ein Würfel, b) ein Quader, c) ein Zylinder?
2. Welche Körper haben eine Spitze?
3. Zeichne auf Kästchenpapier ein Quadrat, ein Rechteck und ein Trapez.

1: Wege nach Vorgabe beschreiben 2: Wege nachvollziehen und Zielpunkt benennen
3: Körper beschreiben 4: Körper bestimmen 5: Wahrheitsgehalt der Aussagen überprüfen

Würfelnetze

Ben erklärt, wie er das Würfelnetz gezeichnet hat:

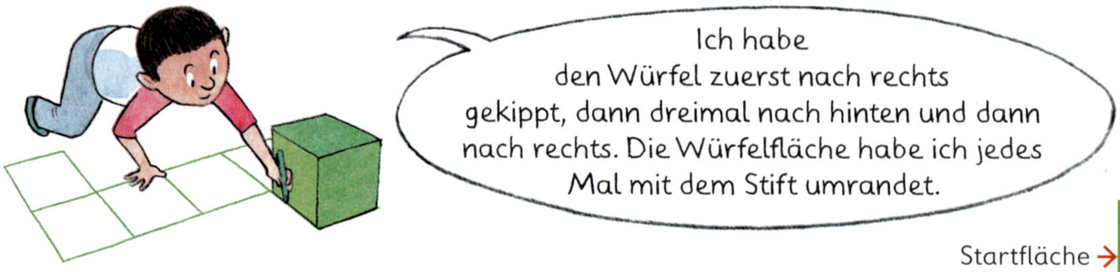

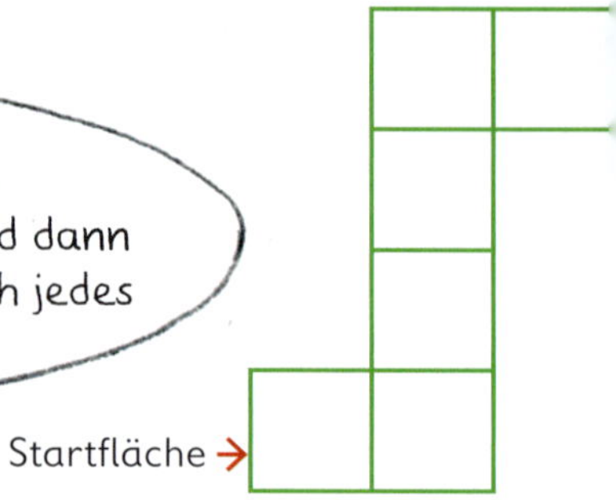

1 Zeichne das Würfelnetz in dein Heft. Kippe dazu den Würfel, wie es Ben getan hat.

2 Sage deinem Lernpartner, wie er den Würfel kippen soll, damit diese beiden Würfelnetze entstehen.

a) Startfläche

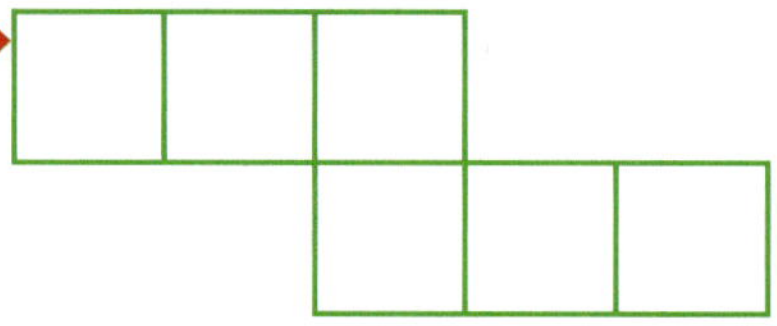

b) Startfläche

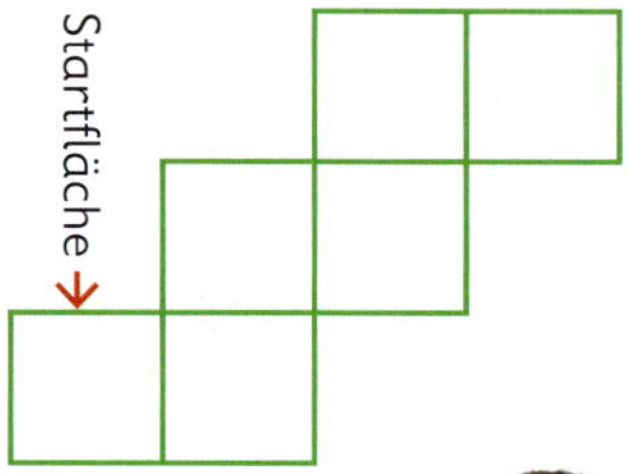

3 Die Kinder beschreiben, wie sie den Würfel gekippt haben. Zeichne nach dieser Beschreibung das Würfelnetz. Die Seiten der Quadrate sind 2 cm lang.

4 Zeichne die Würfelnetze in dein Heft und ergänze die fehlenden Würfelaugen. Die Seiten der Quadrate sollen 15 mm lang sein.

a)

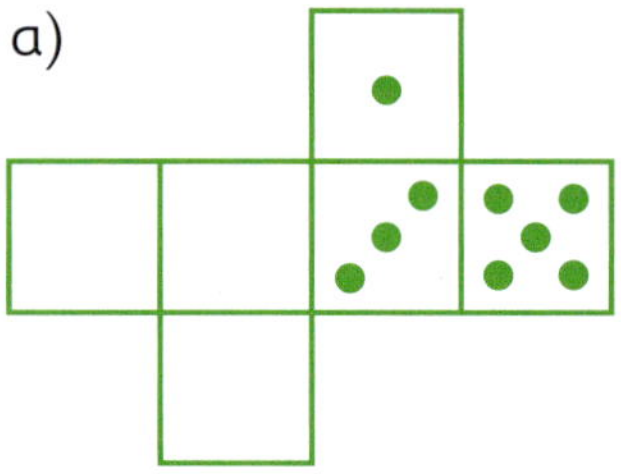

b)

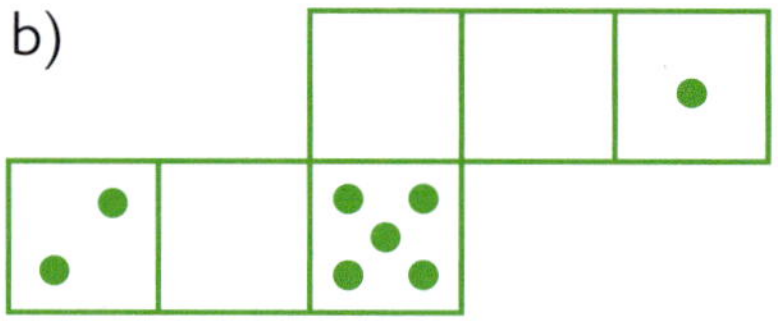

c)

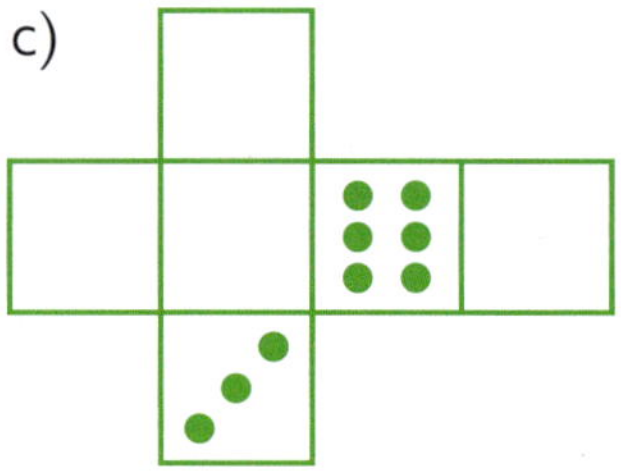

d)

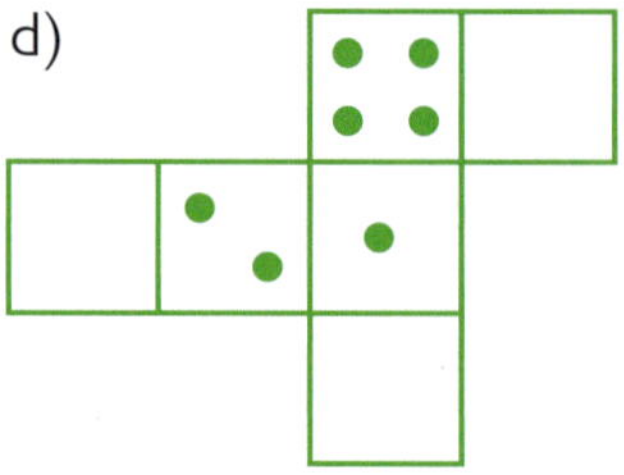

Tipp: Die Summe aus den gegenüberliegenden Augen ist immer 7.

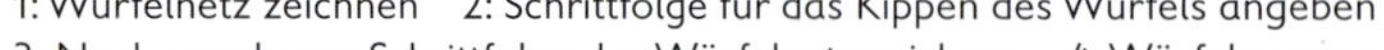

1: Würfelnetz zeichnen 2: Schrittfolge für das Kippen des Würfels angeben
3: Nach gegebener Schrittfolge das Würfelnetz zeichnen 4: Würfelaugen ergänzen

AH 66 | TÜ 62

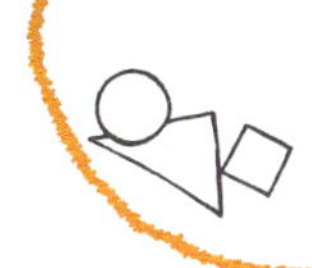

1 Mit welchen dieser Netze kannst du diesen Würfel falten?
Überprüfe. Zeichne dazu die Netze ab und falte sie zum Würfel.

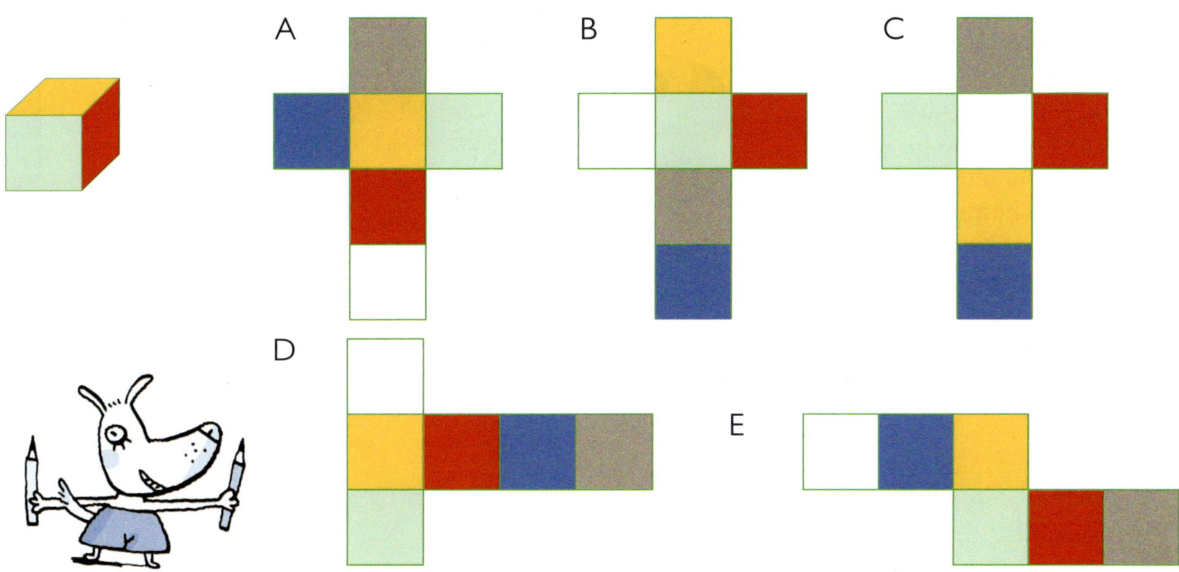

2 Welchen Würfel kannst du aus diesem Würfelnetz falten?

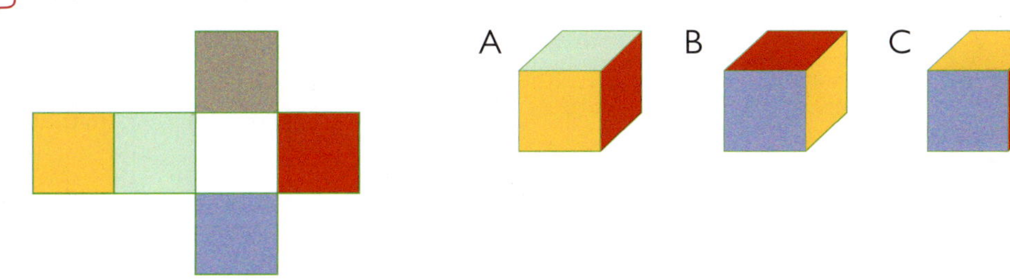

3 Welche dieser Netze sind keine Würfelnetze?

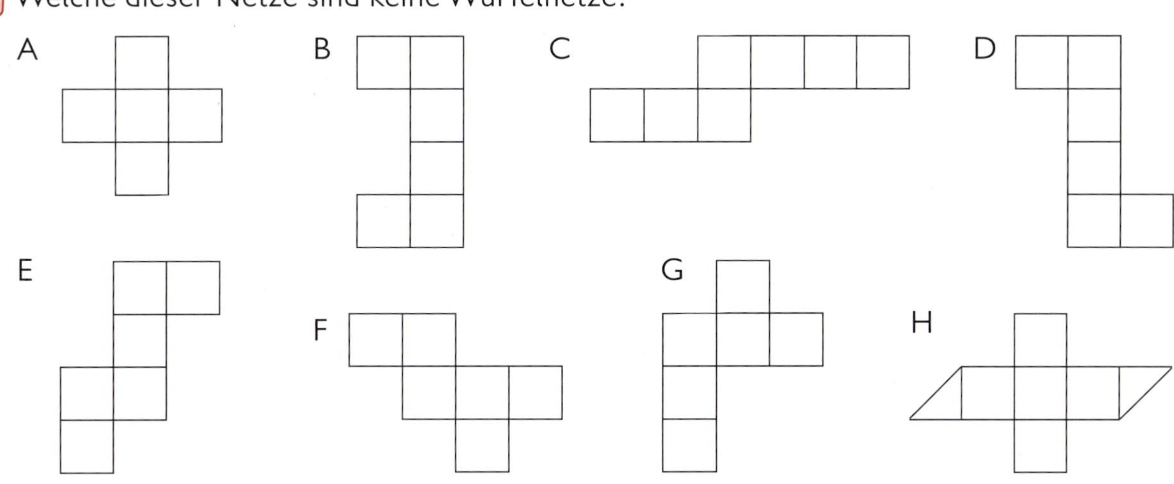

1: Netze den Würfeln zuordnen und überprüfen 2: Würfel zum gegebenen Netz finden
3: Würfelnetze auswählen

Quadernetze

Maria erklärt, wie sie das Quadernetz gezeichnet hat:

1 Zeichne ein Quadernetz in dein Heft. Kippe dazu den Quader so, wie es Maria getan hat, und umrande die Flächen des Quaders.

2 Beschreibe deinem Lernpartner, wie er den Quader kippen soll, damit diese beiden Quadernetze entstehen. Wähle dir dazu einen Baustein aus.

3 Tom und Anna beschreiben, wie sie die Quader gekippt haben. Zeichne nach dieser Beschreibung die Quadernetze. Wähle dir dazu einen Baustein aus.

Ich stelle den Quader auf eine seiner kleinen Flächen. Dann kippe ich nach vorn, dann nach rechts, dann nach vorn, dann nach rechts und nach vorn.

Ich stelle den Quader auf eine seiner großen Flächen. Dann kippe ich nach hinten, dreimal nach links und dann nach hinten.

1: Quadernetz zeichnen 2: Schrittfolge zum Kippen des Quaders angeben
3: Quader (Baustein) nach Vorgabe kippen und Flächen umranden

1 Zeichne das Quadernetz so auf Kästchenpapier, dass alle Seiten nur halb so lang sind. Färbe die gegenüberliegenden Flächen mit der gleichen Farbe.

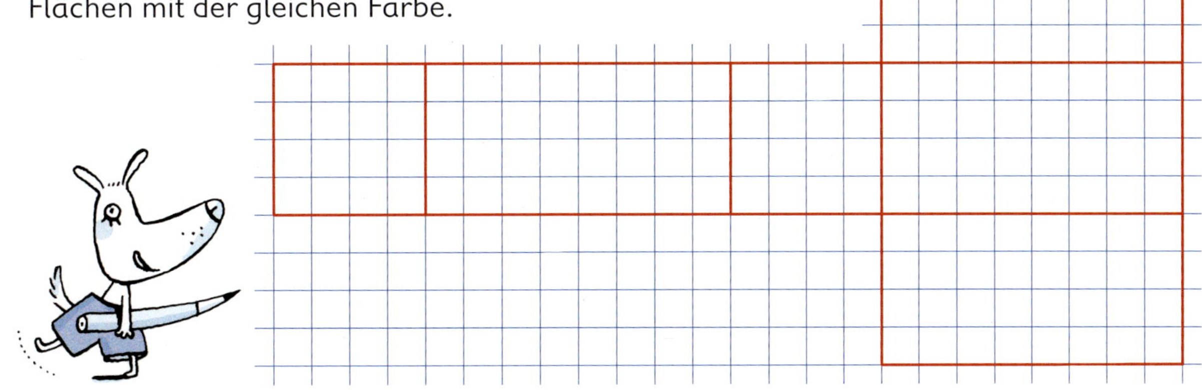

2 a) Zeichne das Quadernetz aus Aufgabe **1** auf Kästchenpapier, dass alle Seiten doppelt so lang sind.
b) Zeichne an das Netz Klebefalze.
Färbe die gegenüberliegenden Seiten mit der gleichen Farbe.
c) Schneide das Netz aus und klebe es zu einem Quader zusammen.

3

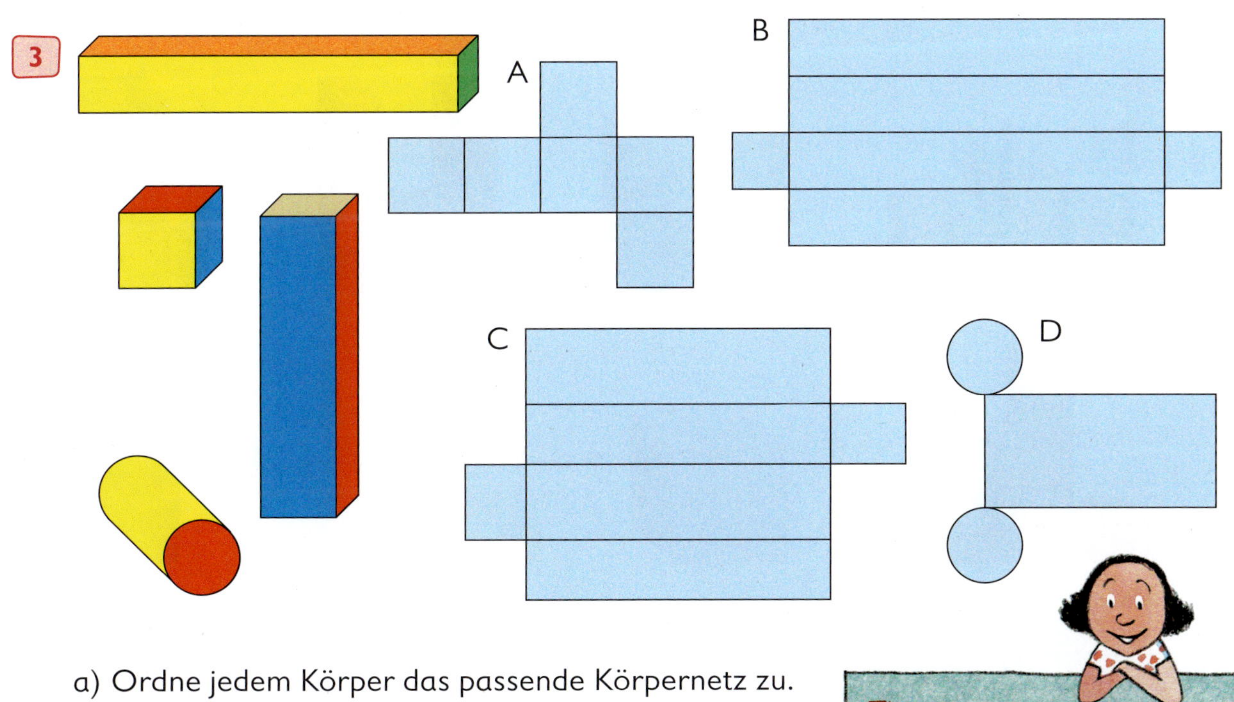

a) Ordne jedem Körper das passende Körpernetz zu.
b) Zeichne die Körpernetze in gleicher Größe auf Kästchenpapier.
c) Färbe die Flächen der Körpernetze so, wie sie auf den Körpern zu erkennen sind.

Tipp:
Gegenüberliegende Flächen haben die gleiche Farbe.

1 und 2: Netze in Verkleinerung und Vergrößerung zeichnen; Klebefalze einzeichnen; Flächen färben; Netze zu Quadern kleben
3: Netze den Körpern zuordnen und abzeichnen; Flächen analog zum Körper färben

Rauminhalt – Würfelbauten

1

Wer hat recht?

MERKE DIR

Wenn Würfelbauten mit der gleichen Anzahl von gleich großen Würfeln (Einheitswürfeln) gebaut wurden, dann haben sie den gleichen Rauminhalt. Der Rauminhalt ist gleich der Anzahl der Einheitswürfel.

2 a) Gib den Rauminhalt für jeden Würfelbau an.

Schreibe so: A: ▢ Würfel, B: ▢ Würfel, …

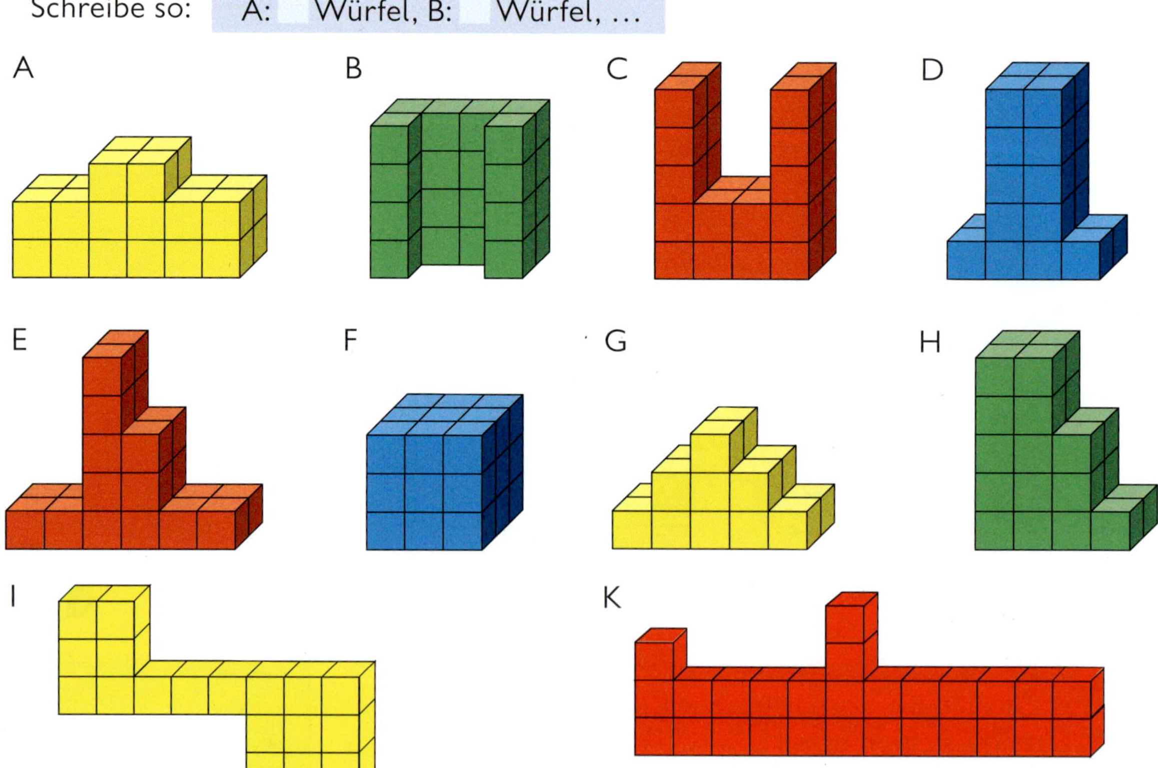

b) Welche Würfelbauten haben den gleichen Rauminhalt?

1 und 2: Anzahl der Würfel für jeden Würfelbau bestimmen und vergleichen

1 a) Finde zu den Würfelbauten A bis D den passenden Bauplan.
b) Überprüfe die Baupläne durch Nachbauen.

A

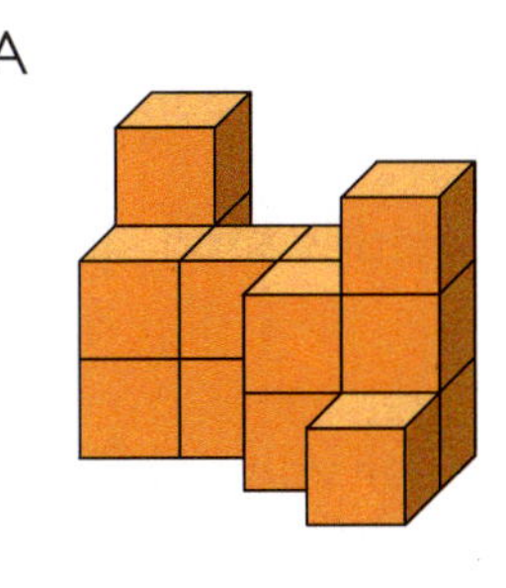

B

C

D

1

		3	1
4	2	2	
		1	
		1	

2

2	1	3	2
1			1
1			
1			

3

3			
2	2	2	
		2	3
			1

4

3	1		
	1		
	1		
	1	1	2

c) Gib den Rauminhalt für jeden Würfelbau an.

Schreibe so: A: ▢ Würfel, B: ▢ Würfel, …

2 a) Zeichne zu diesen Würfelbauten den Bauplan.
b) Baue nach deinem Bauplan und vergleiche mit der Abbildung.

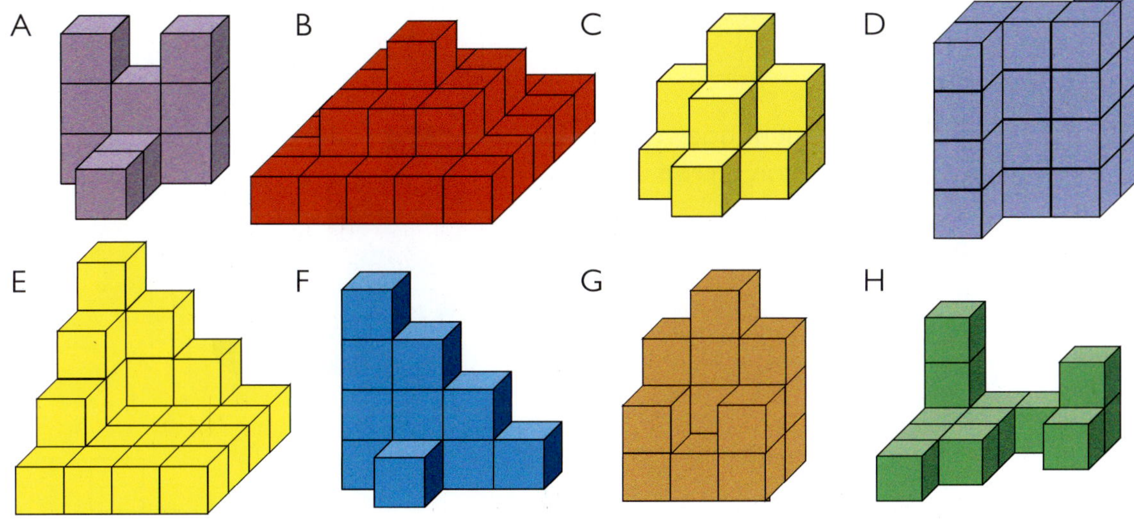

3 Max behauptet, das sei der Bauplan für eine Treppe.

a) Stimmt das? Begründe.
b) Wie viele Würfel benötigst du zum Nachbauen?

7	7	7	7	7	7	7
5	5	5	5	5	5	5
3	3	3	3	3	3	3
1	1	1	1	1	1	1

1: Baupläne zuordnen und durch Nachbauen überprüfen
2: Baupläne zeichnen und danach bauen; mit der Abbildung vergleichen
3: Antwort begründen und nach dem Plan bauen

Ansichten

1

Auf dem Tisch steht eine Pyramide mit roter Spitze.
Lisa betrachtet sie von vorn,
Tom von der rechten Seite
und Maria von oben.
Zeichne, was jedes Kind sieht.

2 Max betrachtet das Bauwerk aus einem Zylinder und einem Quader von vorn, von rechts und von oben. Dazu hat er diese drei Ansichten gezeichnet:

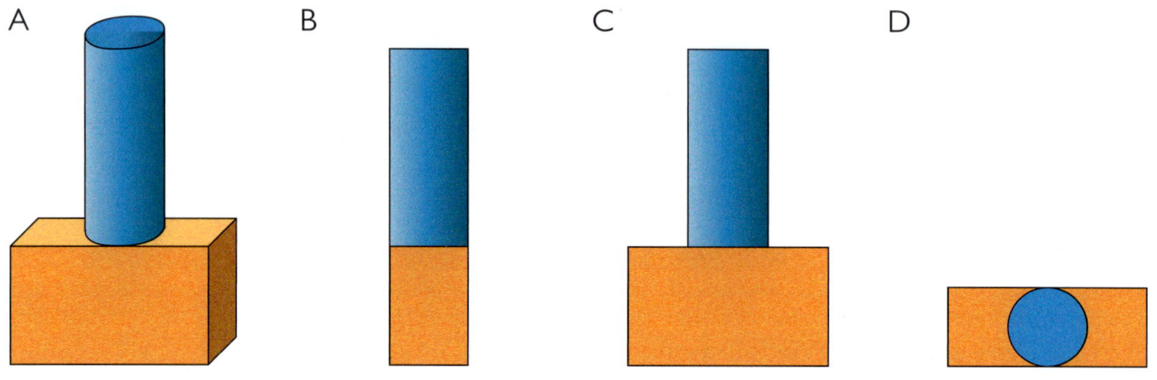

Ordne den Ansichten die Richtung zu, aus der Max das Bauwerk betrachtet hat.

3 Anna hat das Würfelgebäude von vorn, von links, von rechts, von hinten und von oben betrachtet.
Sie hat dazu diese Ansichten gezeichnet.

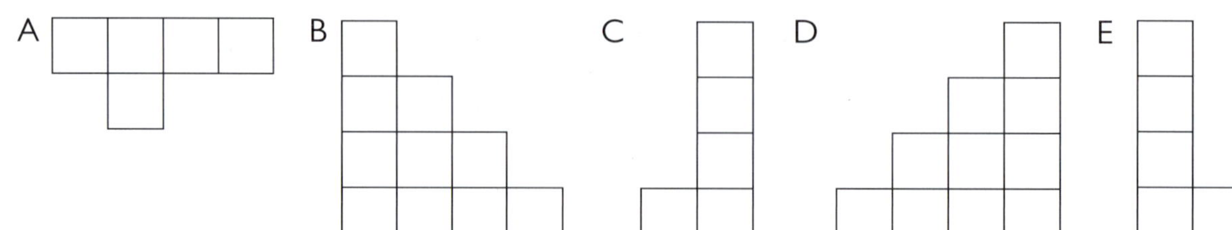

a) Gib für jede Ansicht die Richtung an, aus der Anna das Bauwerk betrachtet hat.
b) Überprüfe durch Nachbauen.

1: Vorderan-, Seitenan- und Draufsicht zeichnen
2 und 3: Ansichten die Betrachtungsrichtungen zuordnen

AH 69 | **TÜ** 64

1 Baue Würfelbauten nach den Bauplänen.

A

3	2	1	3
2	1		2
2	1		2
1	1		1

B

3	2	3
	1	
	1	
	1	

C

3	5	3
2	1	2
1		1

a) Wie viele Würfel benötigst du für jedes Bauwerk?
b) Wie viele Würfel siehst du bei jedem Bau, wenn du ihn von vorn betrachtest?
c) Stimmt es, dass du bei der Betrachtung von oben bei dem Bauwerk A 13 Würfel, beim Bauwerk B 6 Würfel und beim Bauwerk C 8 Würfel siehst?

2 Ben hat die Backform und das Haus von vorn, von der Seite, von oben und von unten betrachtet.

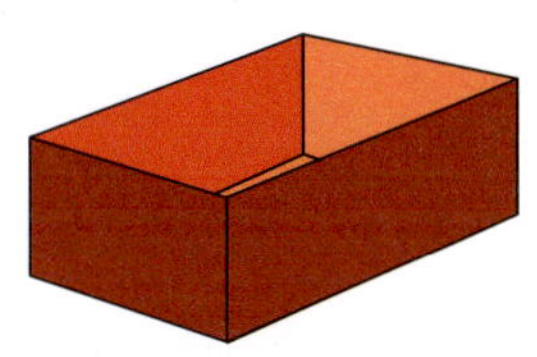

A

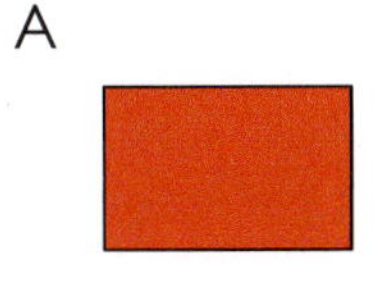

B

C

D

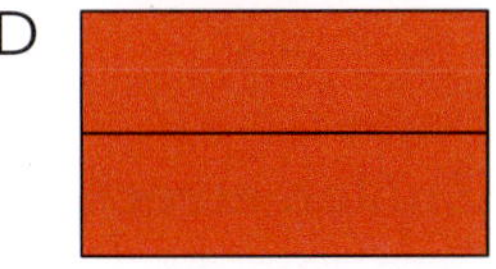

E

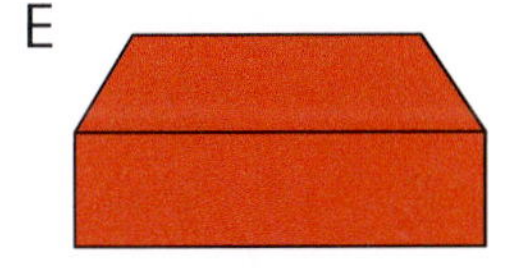

F

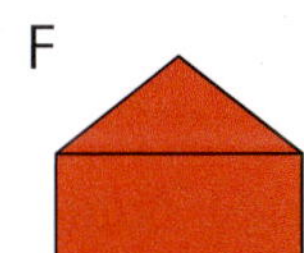

G

H

a) Welche der Ansichten A bis H gehören zur Backform?
b) Welche Ansichten gehören zum Haus?
c) Welche Ansicht gehört zur Backform, aber auch zum Haus?
d) Welche Ansichten gehören weder zur Backform noch zum Haus?

3 Baue mit 8 Würfeln und 2 Quadern ein Bauwerk.
a) Zeichne dazu einen Bauplan auf.
b) Zeichne die Ansichten des Bauwerks, wenn du es von vorn, von links und von oben betrachtest.

1: Bauen nach Plan; Anzahl der Würfel bestimmen; Anzahl der Würfel für die jeweilige Ansicht angeben bzw. überprüfen 2: Ansichten zuordnen
3: Bauwerk erfinden; Bauplan schreiben und Ansichten zeichnen

Freundeseiten – Lernen mit dem Partner oder in der Gruppe

1 Eine Zahl verkleinern

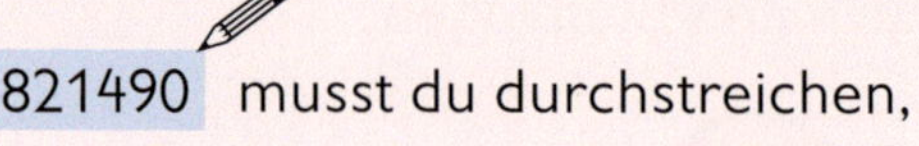

Welche Ziffern der Zahl 3821490 musst du durchstreichen, damit du

a) die kleinste mögliche vierstellige Zahl erhältst,
b) die kleinste mögliche dreistellige Zahl erhältst?

Du darfst die Reihenfolge der Ziffern nicht verändern.
Berate dich mit deinem Lernpartner.

2 Gleichungen bilden

Setze zwischen den Ziffern Rechenzeichen so, dass das richtige Ergebnis 100 ist.

a) 9 9 9 9 = 100
b) 5 5 5 5 5 = 100
1 1 1 1 1 = 100

Beispiel:
3 3 3 3 3 = 100
33 · 3 + 3 : 3 = 100

Vergleiche deine Lösungen mit denen deines Lernpartners.

3 Zahlen errechnen

Errechne die Zahlen 5, 8 und 18 als Ergebnis.
Verwende dazu die Ziffer 3 immer viermal.
Du darfst alle Rechenzeichen und Klammern verwenden.

Beispiel: 15 = (3 + 3) · 3 − 3

Erkläre deinem Lernpartner deine Darstellung der Zahlen.

4 Schokolade verteilen

Max hat eine Tafel Schokolade mit 6 Reihen. Zu jeder Reihe gehören 4 Stück Schokolade. Er bricht von dieser Tafel rundherum die äußeren Stücke ab und schenkt jedem seiner Freunde ein Stück.

a) Wie viele Kinder haben ein Stück Schokolade bekommen?
b) Wie viele Stücke Schokolade bleiben übrig?

 1 bis 4: Durch Überlegungen und Probieren Aufgaben lösen

1 Zeit messen – Durchschnitt berechnen

a) Notiere für eine Woche die Zeit:
- ◯ in der du deine deine Hausaufgaben anfertigst,
- ◯ die du mit Fernsehen verbringst.

Fertige dazu eine Tabelle an.

Zeit für	Mo.	Di.	Mi.	Do.	Fr.	Sa.	So.
Hausaufgaben							
Fernsehen							

b) Wie viel Zeit benötigst du im Durchschnitt täglich für deine Hausaufgaben?

c) Wie viel Zeit siehst du im Durchschnitt täglich fern?

d) Vergleicht die Ergebnisse in der Lerngruppe und sprecht darüber.

2 Mit Würfeln eine Treppe bauen

a) Anna hat diese Treppe gebaut.
Wie viele Würfel hat sie dafür benötigt?

b) Baue Annas Treppe nach und zähle die Würfel.

c) Tom will die Treppe zwei Stufen höher bauen.
Wie viele Würfel benötigt er noch?

d) Baue Toms Treppe nach und zähle die benötigten Würfel.

3 Ansichten eines Würfelbaus

Baue mit acht Würfeln einen Würfelbau.
Dein Lernpartner zeichnet dazu die Ansicht von vorn, von oben und von rechts.

Beispiel:

Ansichten:

von vorn | von oben | von rechts

1: Zeiten messen und den Durchschnitt berechnen
2 und 3: Würfelbauten bauen und zeichnen

Kann ich das schon?

1 Prüfe die Teilbarkeit folgender Zahlen mit Hilfe der Teilbarkeitsregeln. Dividiere.

a)	b)	c)	d)
22 972 : 2	45 072 : 9	126 855 : 5	89 344 : 9
4 539 : 5	21 414 : 3	67 953 : 3	8 691 : 3
10 320 : 10	8 739 : 9	8 476 : 9	52 683 : 2

2 Berechne immer den Durchschnitt.

a)	b)	c)	d)	e)	f)
414	671	2 578	4 324	3 458	1 352
514	771	8 752	6 440	1 587	2 604
614	871		8 250	2 459	3 808
	971			2 364	

3 Rechne und kontrolliere mit der Umkehraufgabe.

a)	b)	c)	d)
42 833 : 7	11 844 : 12	16 350 : 25	44,124 kg : 4
39 888 : 8	25 790 : 10	24 125 : 25	81,246 kg : 6
4 188 : 6	10 500 : 12	51 350 : 25	51,664 kg : 8

4 a) 10 000 :  = ☀

☾ +  = 

☀ :  = ☾

b) 6 400 : △ = △

□ + □ = △

△ : ○ = □

5 Berechne die wirklichen Entfernungen.

Maßstab 1 : 50 000

1 cm im Bild entspricht 50 000 cm in Wirklichkeit.
50 000 cm = 500 m = 0,500 km

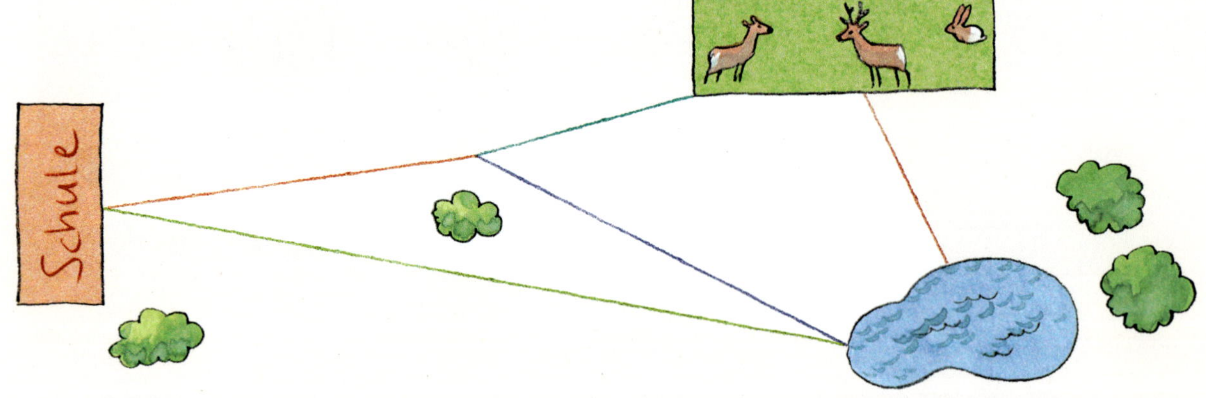

6 Wie heißen die Körper?

Mein Körper hat keine geraden Kanten. Er hat 3 Flächen.

Mein Körper hat keine Kanten und keine Ecken.

Mein Körper hat eine Grundfläche und eine Ecke.

7 Handelt es sich um Quadernetze? Zeichne ab. Schneide aus und falte zur Kontrolle.

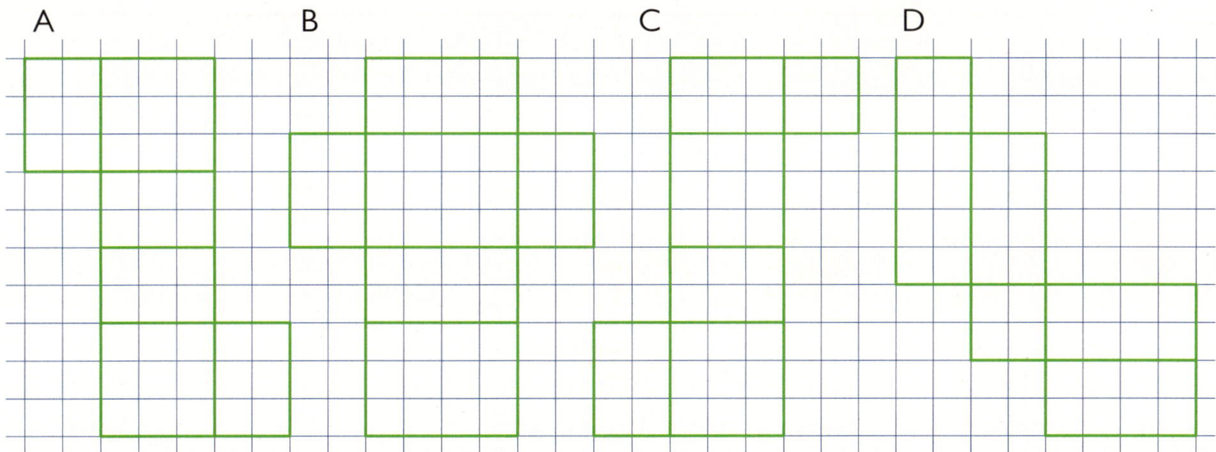

8 a) Baue Würfelbauten nach diesen Bauplänen.

A

2	3	3	2
2	4	4	2
2	4	4	2
2	3	3	2

B

4	4	4	4	4
4	3	3	3	4
4	3	2	3	4
4	3	3	3	4
4	4	4	4	4

C

			2			
		2	3	2		
		3	4	3		
2	3	4	5	4	3	2
		3	4	3		
		2	3	2		
			2			

D

1	2	3	4	4	3	2	1

b) Wie viele Würfel siehst du, wenn du jedes Bauwerk von oben betrachtest?
c) Wie viele Würfel siehst du, wenn du jedes Bauwerk von vorn betrachtest?
d) Wie viele Würfel siehst du, wenn du jedes Bauwerk von rechts betrachtest?

Addieren und Subtrahieren – Rechentraining

1 a) 45 000 + 20 000
61 000 + 30 000
125 000 + 220 000
645 000 + 45 000

b) 37 000 + 47 000
29 000 + 18 000
347 000 + 45 000
777 000 + 23 000

c) 22 456 + 34 000
58 234 + 23 000
451 550 + 29 000
123 456 + 333 000

47 000 56 456 65 000 81 234 84 000 91 000 345 000
392 000 456 456 480 550 690 000 800 000

2 a) 92 000 – 30 000
56 000 – 26 000
31 000 – 11 000
73 000 – 43 000

b) 41 000 – 22 000
62 000 – 39 000
81 000 – 45 000
57 000 – 18 000

c) 45 999 – 29 000
78 455 – 48 000
63 339 – 36 000
27 342 – 19 000

8 342 16 999 19 000 20 000 23 000 27 339
30 000 30 000 30 455 36 000 39 000 62 000

3 Überschlage zuerst, rechne dann genau.
Vergleiche den Überschlag mit dem Ergebnis.

a)

5 617	7 028	36 014	62 568	79 046	82 004
+ 2 329	+ 1 995	+ 8 496	– 3 529	– 25 238	– 5 788

b)

276 349	441 567	680 084	882 436	907 423	500 453
+ 9 577	+ 29 088	+ 176 006	– 7 609	– 34 082	– 323 564

4 Überschlage zuerst. Schreibe dann stellengerecht untereinander und rechne.
Vergleiche den Überschlag mit dem Ergebnis.

a) 47 356 – 4 285 – 963
21 083 – 12 083 – 1 312

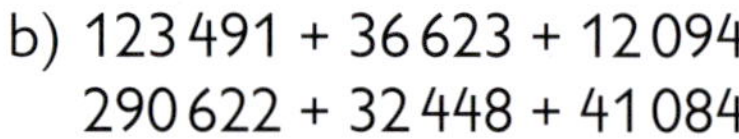

b) 123 491 + 36 623 + 12 094
290 622 + 32 448 + 41 084

5

1 und 2: Addieren und Subtrahieren 3 und 4: Addieren und Subtrahieren; Überschlag mit Ergebnis vergleichen 5: Aufgaben finden und lösen

1 Finde die fehlenden Ziffern.

a)	b)	c)	d)
119 ■92	■■■ ■■■	768 ■34	543 122
+ 7■65■	+ 123 922	− 5■■32■	− ■■■ ■■■
193 642	518 609	181 809	295 561

2 a)

347 €	17 673 €	2 666 €	80 049 €	91 706 €	13 128 €
+ 2 899 €	+ 45 297 €	+ 15 009 €	− 25 247 €	− 63 075 €	− 9 653 €

b)

43 471 km	305 462 km	77 777 km	709 542 km
+ 6 083 km	+ 6 085 km	− 877 km	− 54 163 km
+ 907 km	+ 24 009 km	− 41 457 km	− 13 074 km

3

a)	b)	c)
56 € + 74 ct	78 € − 65 ct	12,527 km − 4,319 km
83 € + 9 ct	91 € − 8 ct	45,625 km − 1 457 m
96 € + 245 ct	29 € − 235 ct	87,300 km − 926 m
347 € + 86 ct	425 € − 72 ct	852,460 km − 2 km 627 m

4 Herr Weber hat für den bevorstehenden Winterurlaub für sich und seine Frau Langlaufski für insgesamt 748,36 € gekauft. Die Ski für ihren Sohn kosteten 243,75 €. Für drei Paar Skischuhe hat er 359,66 € bezahlt. Wie viel Euro hat Herr Weber insgesamt ausgegeben?

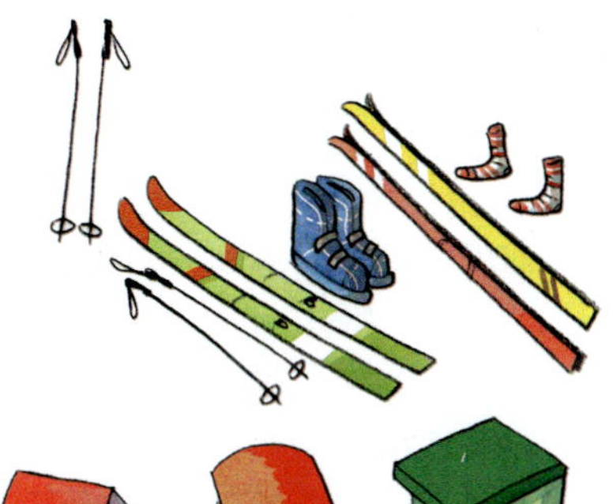

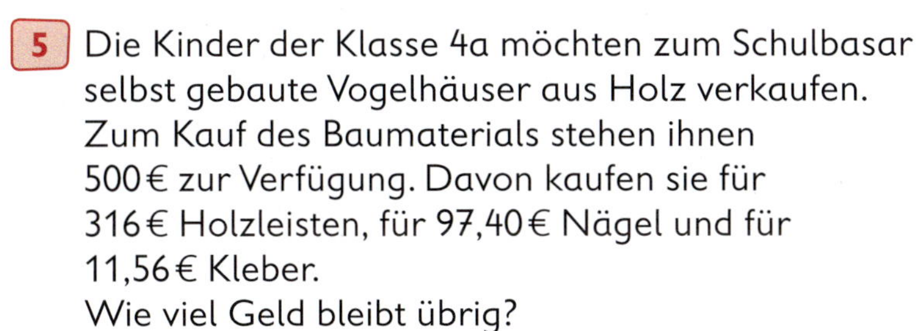

5 Die Kinder der Klasse 4a möchten zum Schulbasar selbst gebaute Vogelhäuser aus Holz verkaufen. Zum Kauf des Baumaterials stehen ihnen 500 € zur Verfügung. Davon kaufen sie für 316 € Holzleisten, für 97,40 € Nägel und für 11,56 € Kleber. Wie viel Geld bleibt übrig?

6 a) Ergänze zu 100 000. Schreibe so: 70 000 + 30 000 = 100 000

40 000, 35 000, 82 000, 15 000, 91 000, 72 400, 50 300, 32 700

b) Ergänze zu einer Million. Schreibe so: 200 000 + 800 000 = 1 000 000

500 000, 750 000, 170 000, 955 000, 300 500, 801 000, 690 300, 452 500

1: Fehlende Ziffern finden 2: Addieren und Subtrahieren mit Größen
4 und 5: Inhalt erfassen; Aufgaben bilden, lösen und antworten
6: Ergänzen; Umkehraufgabe nutzen

Multiplizieren und Dividieren – Rechentraining

1 a) 2 · 600
4 · 300
8 · 200
9 · 500

b) 4 · 5 000
9 · 3 000
7 · 6 000
6 · 4 000

c) 3 · 80 000
7 · 20 000
9 · 30 000
5 · 40 000

d) 640 · 10
3 432 · 100
5 265 · 1 000
12 400 · 100

e) 10 000 · 77
1 000 · 125
100 000 · 10
90 000 · 0

2 Überschlage zuerst und rechne dann genau.
Vergleiche das Ergebnis mit dem Überschlag.

a) 371 · 9
293 · 7
317 · 5
243 · 2

b) 421 · 85
335 · 75
233 · 21
244 · 46

c) 3 765 · 23
5 129 · 12
9 992 · 25
7 610 · 47

d) 316 · 284
803 · 456
964 · 481
414 · 208

e) 127 · 114
168 · 183
655 · 302
506 · 309

486 1 585 2 051 3 339 4 893 11 224 14 478 25 125 30 744 35 785 61 548
86 112 86 595 89 744 156 354 197 810 249 800 357 670 366 168 463 684

3 Setze das richtige Zeichen: < = >

a) 4 · 9 000 ◯ 40 000
9 · 80 000 ◯ 700 000

b) 20 · 400 ◯ 10 000
50 · 600 ◯ 300 000

c) 6 · 3 200 ◯ 19 200
4 · 9 200 ◯ 37 000

4 Große Flugzeuge verbrauchen auf ihren Flügen pro Stunde im Durchschnitt 10 990 l Kerosin. Kerosin heißt der Kraftstoff für Flugzeuge.

a) Wie viel Liter benötigt ein Flugzeug in 7 Stunden?

b) Wie viele Stunden kann das Flugzeug etwa mit 55 000 l Kerosin fliegen?

5 Die Boing 747 fliegt mit einer Durchschnittsgeschwindigkeit von 937 km pro Stunde.

a) Wie viel Kilometer fliegt das Flugzeug in 8 Stunden?

b) Kann das Flugzeug mit dieser Geschwindigkeit eine Strecke von 5 830 km in 6 Stunden zurücklegen?

1: Multiplizieren mit H, T, ZT und HT 2: Schriftlich Multiplizieren
3: Produkte bilden und mit gegebener Zahl vergleichen
4 und 5: Inhalt erfassen; Aufgaben finden, lösen und antworten

1 a) 36 : 4
360 : 4
3 600 : 4
36 000 : 4
360 000 : 4

b) 48 : 6
480 : 6
4 800 : 6
48 000 : 6
480 000 : 6

c) 28 : 7 + 2
280 : 7 + 20
2 800 : 7 + 200
28 000 : 7 + 2 000
280 000 : 7 + 20 000

d) 35 : 5 + 3
350 : 5 + 30
3 500 : 5 + 300
35 000 : 5 + 3 000
350 000 : 5 + 30 000

2 Überschlage erst und rechne dann genau.

a) 1 280 : 4
2 820 : 3
6 520 : 5

b) 4 160 : 8
1 250 : 5
2 760 : 4

c) 8 872 : 8
3 549 : 7
1 263 : 3

d) 9 099 : 9
7 254 : 6
2 121 : 3

250 320 421
507 520 690
707 940
1 011 1 109
1 209 1 304

3 Dividiere. Bei einigen Aufgaben bleibt ein Rest.

a) 450 : 4
953 : 2
226 : 5

b) 1 804 : 8
2 313 : 3
2 766 : 9

c) 44 484 : 6
15 760 : 7
22 242 : 5

d) 9 630 : 30
31 710 : 70
46 800 : 90

e) 180 000 : 60
810 000 : 90
560 000 : 70

4 a) 328 + 56 : 8
(328 + 56) : 8

b) 414 − 108 : 9
(414 − 108) : 9

c) 9 · 250 − 250 : 50
4 · 125 + 330 : 3

d) (953 − 253) : 70 + 3 · 30
(237 + 33) : 90 + 101 · 3

e) 54 · 5 + 2 435 : 5
3 600 : 6 − 2 400 : 8

f) 4486 − 1 243 · 2
95 + 105 · 6 − 8 · 25

5 Haben alle Kinder richtig gerechnet? Rechne nach.

48 104 : 7 = 6 872
42
61
56
50
49
14
14
0

11 115 : 9 = 1 235 R1
9
21
18
31
27
55
45
10
9
1

6 Maria behauptet: Wenn ich eine dreistellige Zahl zweimal nebeneinander schreibe, erhalte ich eine sechsstellige Zahl, die durch 7 ohne Rest teilbar ist. Überprüfe, ob das wahr ist. Wähle dir dazu selbst drei Zahlenbeispiele aus.

Tipp:
769 zweimal nebeneinander geschrieben ergibt die Zahl 769 769.

1 bis 3: Dividieren mit und ohne Rest
4: Regel „Punktrechnung geht vor Strichrechnung" anwenden
5: Rechenfehler finden 6: Aussage an selbst gewählten Zahlenbeispielen überprüfen

Sachaufgaben

1

Frau Lindner holt ihr Auto aus der Werkstatt. Die eingebauten Ersatzteile kosten 493,75 €. Die Reparatur dauerte 2 h und 15 min. Eine Arbeitsstunde kostet 76 €. Wie viel muss Frau Lindner insgesamt bezahlen?

Tipp:
15 min sind $\frac{1}{4}$ h.
$\frac{1}{4}$ h ist der vierte Teil von einer Stunde.

2 Annas Vati möchte beim Beladen seines Autos vor der Urlaubsfahrt nichts falsch machen. Er schaut deshalb nochmals in seinen Fahrzeugschein und liest:

Zulässiges Gesamtgewicht: 1 550 kg
Leergewicht: 1 020 kg

80 kg 60 kg 27 kg 45 kg 22 kg 16 kg

a) Wie viel Kilogramm kann das leere Auto aufnehmen?
b) Wie viel Kilogramm wiegt das Auto mit Anna, ihren Eltern und dem Gepäck?
c) Wie viel Kilogramm könnten noch geladen werden?

3 Beim Tanken nach einer Fahrstrecke von 800 km stellt Anna fest, dass das Auto dafür 56 l Benzin verbraucht hat. Sie will gern wissen, wie viel Liter das Auto im Durchschnitt auf 100 km verbraucht. Weißt du, wie man den Verbrauch berechnen kann? Erkläre es deinen Mitschülern.

4 Bens Familie war mit dem Auto im Urlaub. Ben hat folgende Angaben notiert:

Urlaub vom 26.06. bis zum 17.07.

Tachostand:
Abfahrt: 26 083 km
Ankunft: 27 383 km

Kraftstoffverbrauch: 80,6 l Benzin
Tankinhalt: 60 l Benzin

a) Stelle Fragen zu diesen Angaben.
b) Bilde Aufgaben zu diesen Fragen und löse sie. Antworte auf die Fragen.

1 bis 3: Inhalt erfassen; Aufgaben finden, lösen und antworten
4: Fragen stellen; Aufgaben zuordnen, lösen und antworten

1 Wie viele Monate betrug die Bauzeit der „Neuberg-Bahn"?
Gib die Bauzeit auch in Tagen an.

Tipp:
Nicht jeder Monat hat 31 Tage.

2 Berechne den Höhenunterschied zwischen der Bergstation und der Talstation.

3 Die Seilbahn fährt täglich von 8:00 Uhr bis 17:45 Uhr.
Die zwei Gondeln fahren zur selben Zeit zu jeder Viertelstunde an der Bergstation und der Talstation ab. In einer Gondel haben 16 Personen Platz.

a) Wie viele Personen können in einer Stunde befördert werden?
b) Wie viele Personen können täglich befördert werden?

4 Eine Familie mit einem 10 Jahre alten Mädchen und einem 15 Jahre alten Jungen kauft Fahrkarten für die Bergfahrt und die Talfahrt.
Wie viel Euro muss der Vater für alle Karten zusammen bezahlen?

5 Eine Wandergruppe aus 12 Erwachsenen und zwei zwölfjährigen Kindern erreicht die Talstation. Mit der Seilbahn fahren sechs Erwachsene und ein Kind zur Bergstation und wandern von dort ins Tal zurück.
Zur Bergstation wandern vier Erwachsene hoch.
Von dort fahren sie mit der Seilbahn zur Talstation zurück.
Der Rest der Wandergruppe fährt beide Strecken mit der Seilbahn.
Wie viel Geld muss die Wandergruppe insgesamt bezahlen?

TALSTATION

1 bis 5: Inhalt erfassen; Zahlen und Daten der Abbildung entnehmen;
Aufgaben finden (bei Aufgabe 5 Teilaufgaben), lösen und antworten

Projektidee: „Das macht nach Adam Ries …

Unten an einer ſchönen Linden
war gar ein kleiner Wurm zu finden.
Der kroch hinauf mit aller Macht,
acht Ellen richtig bei der Nacht,
und alle Tage kroch er wieder
vier Ellen dran hernieder.
Zwölf Nächte trieb er dieſes Spiel,
bis dass er von der Spitze fiel
am Morgen in die Pfütze
und kühlt ſich ab von ſeiner Hitze.
Mein Schüler, ſage ohne Scheu,
wie hoch dieſelbe Linde ſei.

(Adam Ries, 1550)

1 Diese Aufgabe hat Adam Ries seinen Schülern gestellt.

a) Wie alt ist diese Aufgabe?
b) Versuche, den Text selbst zu lesen, oder lass ihn dir von einem Erwachsenen vorlesen.
c) Erzähle aus dem Inhalt des Textes.
d) Berate dich mit deinem Lernpartner, wie diese Aufgabe gelöst werden kann.
e) Erkläre deinen Mitschülern den Rechenweg.

2 Sprich vor der Klasse über Adam Ries und seine Arbeit als Rechenmeister. Bereite dazu einen kleinen Vortrag vor. Im Internet und im Lexikon findest du viel über das Leben und die Arbeit von Adam Ries. Lass dir dabei von deinen Eltern oder älteren Geschwistern helfen.

3 Welche Zahlen haben die Kinder gelegt?

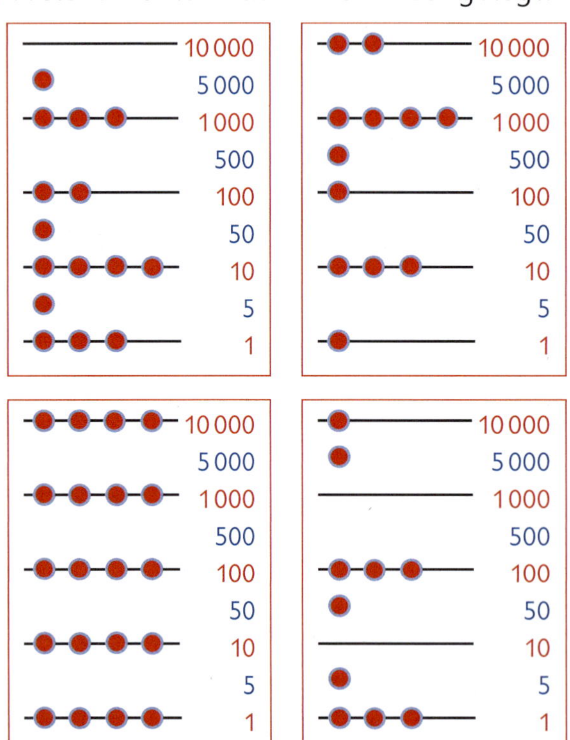

Regeln für die Arbeit auf dem Rechenbrett

- Auf einer Linie dürfen nicht mehr als 4 Steine liegen.
- Liegen 5 Steine, dann musst du sie wegnehmen und dafür 1 Stein über die Linie legen.
- Zwischen den Linien darf nur 1 Stein liegen.
- Liegen zwei Steine zwischen den Linien, dann musst du sie wegnehmen und dafür 1 Stein auf die Linie darüber legen.

1: Text lesen und erschließen; Rechenwege suchen und erklären
2: Selbstständige Arbeit mit den Medien zum Thema 3: Zahlen erkennen

4 Zeichne dir ein Rechenbrett und lege mit Plättchen folgende Zahlen:
956, 1 024, 1 344, 2 500, 2 812, 5 431

5 Auf dem Rechenbrett kannst du auch addieren.

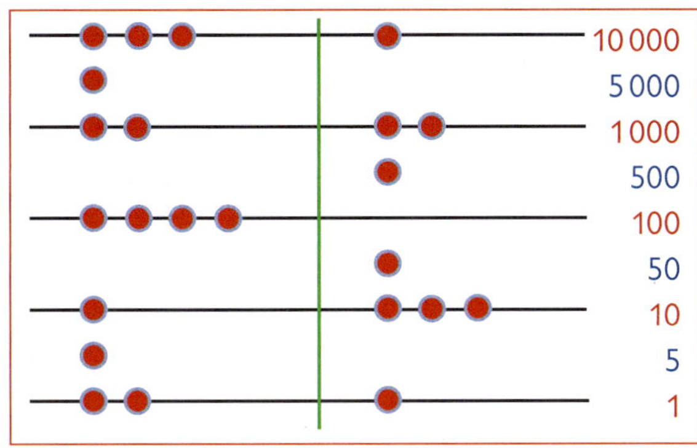

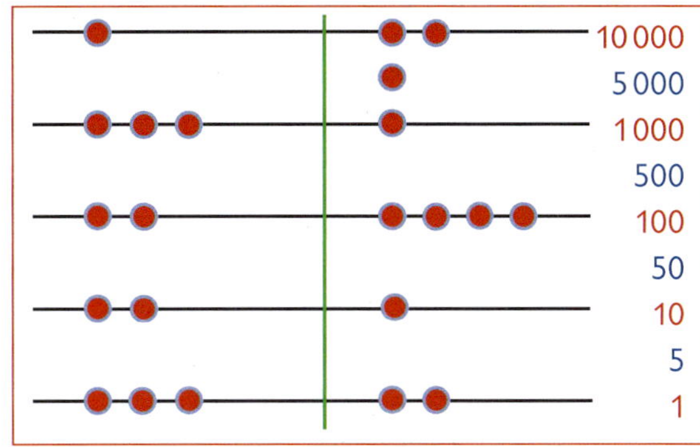

a) Welche Aufgaben wurden hier gelegt? Schreibe sie auf und löse sie.
Lege die Aufgaben mit Plättchen auf deinem Rechenbrett nach.
b) Schiebe die Plättchen zusammen. Wenn dadurch mehr als 4 Plättchen auf einer Linie liegen, dann musst du sie entsprechend der Regel austauschen.
c) Lies die Ergebniszahlen ab und vergleiche sie mit deiner Rechnung.

6 Addiere erst im Heft und dann auf dem Rechenbrett.

a) 312 + 132 b) 2 421 + 2 014 c) 7 224 + 2 120 d) 3 010 + 1 623

7 Zu Lebzeiten von Adam Ries und viele Jahre danach gab es für das Messen andere Maßeinheiten als heute.

a) Erkunde, was man mit folgenden Maßen gemessen hat und was sie in den heutigen Maßeinheiten bedeuten.

b) Fertigt ein Poster zum Thema „Maße von gestern und heute“ an.
Hängt das Poster im Klassenzimmer aus.

4: Rechenbrett zeichnen und Zahlen legen 5 und 6: Addieren auf dem Rechenbrett
7: Alte Maße erkunden und in aktuellen Maßeinheiten angeben; Poster erstellen

Projektidee: Mathematik zum Staunen und Spielen

1 Bei einer Autofahrt am Vormittag und am Nachmittag sieht Lisa im Rückspiegel diese Uhren. Mit einem Spiegel kannst du herausbekommen, welche Zeit die Uhren anzeigen. Schreibe die Uhrzeiten auf.

a) 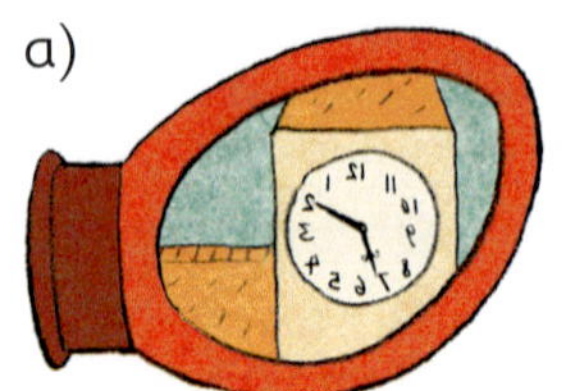

b) 

c) 

d) 

2 Lege mit Stäbchen diese Figur.

a) Wie viele Stäbchen benötigst du?
b) Wie viele Quadrate siehst du in dieser Figur?
c) Nimm vier Stäbchen so weg, dass nur noch acht Quadrate übrig bleiben.

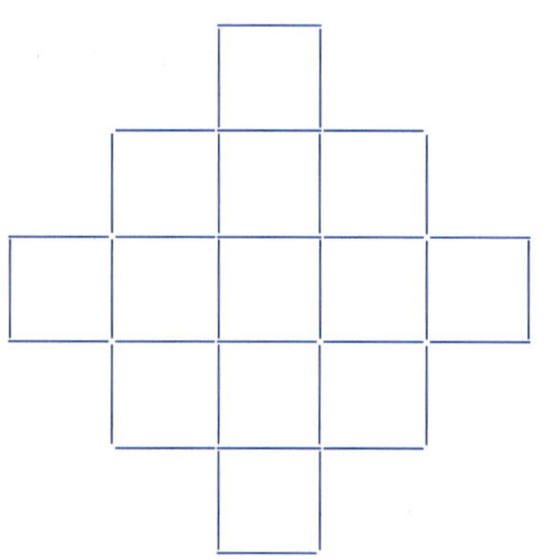

3

	1	2	3	
4		5		
6	7			
			8	9
10				

Übertrage das Zahlenquadrat in dein Heft.
Löse das Kreuzworträtsel.
Wenn du die gefundenen Zahlen jedes einzelnen Feldes addierst, erhältst du 68.

Waagerecht
1 das Vierfache von 121
5 die kleinste dreistellige Zahl, vermehrt um 11
6 das Fünffache von 125
8 der zehnte Teil von 450
10 die größte dreistellige Zahl, vermindert um 333

Senkrecht
2 die Summe aus 368 und 447
3 die Differenz aus 851 und 810
4 der dritte Teil von 78
7 das Siebenfache von 38
9 das Produkt aus 3 und 17

1: Zeiten mit dem Spiegel ermitteln 2: Anzahl der notwendigen Stäbchen bestimmen; Figur legen und durch Wegnehmen der Stäbchen verändern 3: Zahlenquadrat lösen

4 Übertrage die neun Punkte so in dein Heft, dass sie wie auf einem Quadrat angeordnet sind. Verbinde alle Punkte mit vier Geraden, ohne dass du dabei den Stift absetzt.

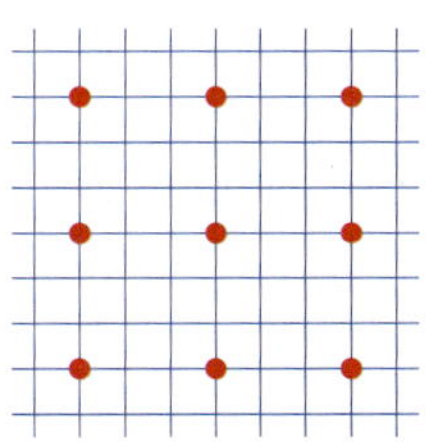

5

?		?
?		?

Jetzt siehst du auf deinem Würfel 3 Augen oben und 5 Augen vorn. Sage deinem Lernpartner, welche Augenzahlen du siehst, wenn du den Würfel so kippst, dass er

a) auf den Feldern mit den Hunden steht,
b) auf den Feldern mit den Fragezeichen steht.

Überprüfe deine Aussagen mit dem Würfel.

6 Zehnerzahlen aufspießen: Einige der Zehnerzahlen von 10 bis 120 wurden schon aufgespießt. Verteile die restlichen Zehnerzahlen so, dass die Summe der Zahlen auf jedem Spieß genau 260 ergibt.

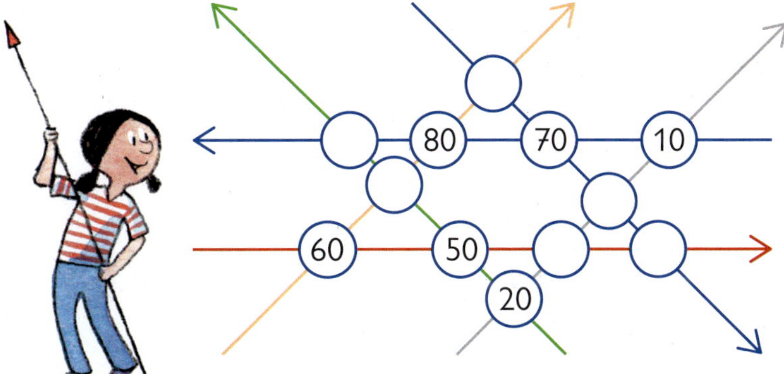

7 Wenn du den Taschenrechner auf den Kopf drehst, dann verwandeln sich die Zahlen 0, 1, 3, 5, 7, 8 und 9 in Buchstaben.

a) Schreibe zu diesen Zahlen die Buchstaben auf.

Zahl	0	1	3	5	7	8	9
Buchstabe							

b) Schreibe mit diesen Zahlen Wörter.
Beispiel: 335 ⟶ SEE

8 Die Tasten **+** und **6** sind gesperrt. Alle anderen Tasten darfst du benutzen. Bilde Aufgaben, bei denen auf dem Display als Ergebnis 766 steht.
Beispiel: 800 – 34 = 766

4: Punkte in einem Zug mit Geraden verbinden 5: Augenzahlen ermitteln 6: Zehnerzahlen einsetzen
7: Buchstaben erkennen und den Zahlen zuordnen; Wörter bilden 8: Aufgaben finden

Projektidee: Mathematik in der Kunst

1 Der Grafiker M. C. Escher hat 1961 das Bild „Wasserfall“ gezeichnet.

a) Betrachte das Bild genau und beschreibe es.
Was fällt dir auf?

b) Zeige die Stellen des Bildes, die in der Wirklichkeit unmöglich zu bauen sind.

c) Beschreibe, wie das Wasser fließt.

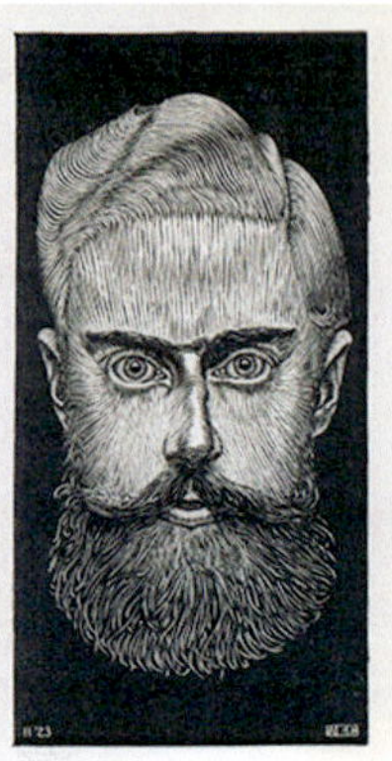

1: Über das Bild sprechen; Unmögliches feststellen

2 Verrückte Konstruktionen

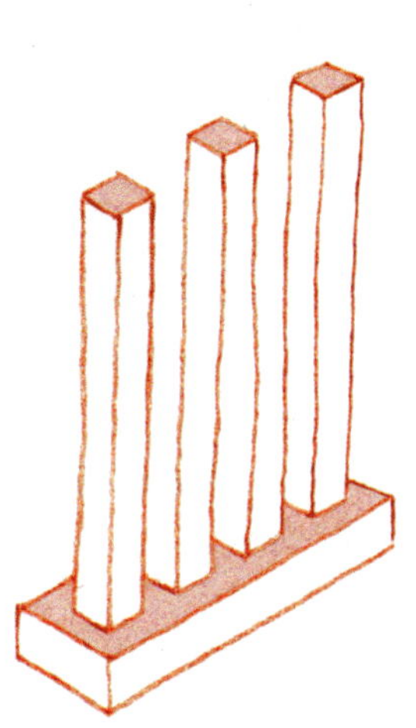

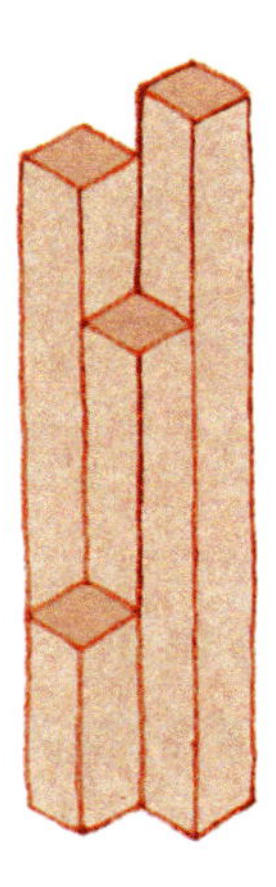

a) Schau dir die Konstruktionen genau an und beschreibe sie.

b) Überlege: Kann man zu diesen Bildern Körper nachbauen?

c) Untersuche die Konstruktionen genau und zeige die Stellen an, an denen „fehlerhaft" gezeichnet wurde.

d) Denke dir selbst eine unmögliche Konstruktion aus, zeichne sie auf Punktepapier und zeige sie deinem Lernpartner.

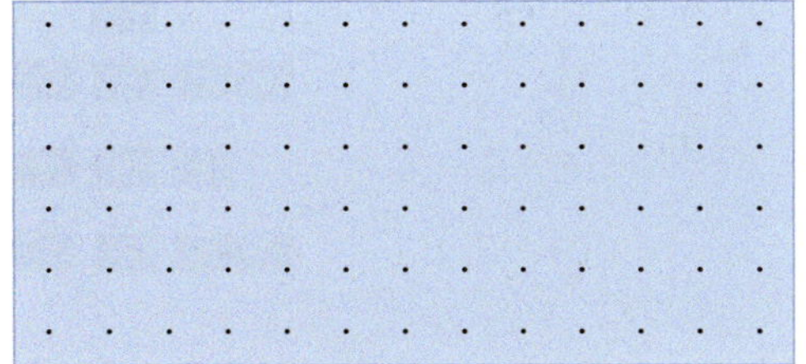

3 Wie viele Beine hat der Elefant?

a) Decke zuerst die Füße ab und zähle die Beine.

b) Dann verdecke die obere Bildhälfte und zähle die Beine noch einmal.

c) Was fällt dir auf?

2: Bei den Konstruktionen feststellen, welche nicht möglich sind
3: Über das Bild sprechen: Fehler feststellen

P

Projektidee: Rechnen mit dem Taschenrechner

1

[+] addieren

[−] subtrahieren

[×] multiplizieren

[÷] dividieren

[=] Gleichheitszeichen (Anzeige der berechneten Zahl)

[•] Komma

[ON/C] einschalten/löschen

a) Zeige diese Tasten auf deinem Taschenrechner.

b) Wie viele Stellen kann dein Taschenrechner anzeigen? Wie heißt die größte Zahl, die du eingeben kannst?

2 Tippe folgende Zahlen auf deinem Taschenrechner ein. Drehe den Taschenrechner um. Was siehst du?

[7][3][9][1] [3][5][1][3][7] [3][8][3][1][7] [3][3][5] [7][1][3][5] [5][5][0][8]

3 Löse die Aufgaben im Kopf. Tippe sie ein und überprüfe dein Ergebnis mit dem Taschenrechner.

a)

Aufgaben:	Tippe ein:
4 + 5	[4][+][5][=]
28 − 7	[2][8][−][7][=]
6 · 7	[6][×][7][=]
56 : 8	[5][6][÷][8][=]

b)

36 + 400
100 + 80
300 − 150
1 000 − 1
500 − 250
270 + 270
380 − 190
420 + 480

c)

7 · 20
2 · 500
50 : 5
100 : 2
1 000 : 2
2 000 : 2
5 · 400
6 · 300

4 Tippe ein. Was fällt dir auf? Erkläre.

a)

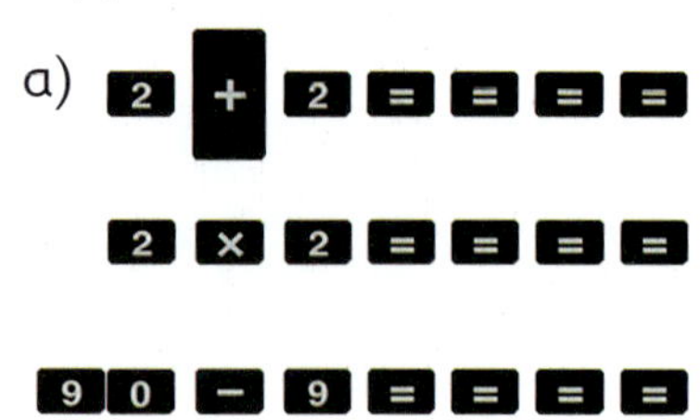

b) Tippe auch andere Zahlen ein. Was stellst du fest?

c) Was musst du eintippen, um die Malfolge der 6, der 7 und der 9 als Ergebniszahlen zu erhalten?

1: Taschenrechner kennenlernen 2: Zahlen in den Taschenrechner eingeben
3 und 4: Aufgaben mit dem Taschenrechner rechnen

P

5 Im Kopf oder mit dem Taschenrechner? Prüfe mit einem Überschlag.

a)	b)	c)	d)
8 · 7	25 · 4	4 396 + 5 893	25 369 + 536 + 18 541
72 : 9	100 : 32	7 854 − 5 316	83 415 − 596 − 25 341
169 : 13	888 · 9	840 − 420	42 000 − 2 000 + 10 000
448 : 7	201 · 14	6 800 + 1 200	54 873 + 3 873 − 14 873

6 a) Gib die Zahlen in den Taschenrechner ein und dividiere sie durch 13, dann das Ergebnis durch 11, und nun dieses Ergebnis durch 7.

357 357 | 539 539 | 248 248 | 298 298 | 147 147

b) Bilde selbst solche Zahlen und dividiere ebenfalls durch 13, 11 und 7.

7 Lustige Zahlen

a) Rechne: 37 037 · 15   37 037 · 18   37 037 · 21

b) Mit welchen Zahlen musst du 37 037 multiplizieren, damit du folgende Ergebnisse erhältst?

8 a) Rechne: 15 873 · 35   15 873 · 42   15 873 · 49

b) Mit welchen Zahlen kannst du 15 873 noch multiplizieren, um weitere lustige Zahlen als Ergebnis zu bekommen? Probiere aus.

9 Noch einige lustige Sachen:
Wähle eine zweistellige Zahl.
Multipliziere sie mit 50 und mit 51.
Addiere die Ergebnisse.
Überprüfe mit weiteren Zahlen.

5: Aufgaben im Kopf oder mit dem Taschenrechner rechnen
6 bis 9: Mit dem Taschenrechner interessante Aufgaben rechnen

Mathefreunde 4

Ausgabe Süd

Herausgegeben von
Edmund Wallis, Leipzig

Erarbeitet von
Kathrin Fiedler, Görlitz; Ursula Kluge, Kühnitzsch; Isabel Miedtke, Zwickau; Jana Scherbaum, Halberstadt; Birgit Schlabitz, Berlin; Edmund Wallis, Leipzig

Unter Beratung von
Silvia Ehrich, Neubrandenburg; Heidrun Ertel, Tröbnitz; Rita Hetzel, Marienwerder

Redaktion: Uwe Kugenbuch, Susanne Knipper
Illustration: Daniel Müller/illumueller; Uta Bettzieche (Hunde)
Technische Zeichnungen: Christine Wächter; Martin Frech, Tübingen
Umschlaggestaltung und Layout: tritopp, Berlin; Daniel Müller/illumueller (Illustration)
Technische Umsetzung: Arge Bildungsmedien (Maas & Frech GbR)

wwwcornelsen.de

1. Auflage, 4. Druck 2023

Alle Drucke dieser Auflage sind inhaltlich unverändert
und können im Unterricht nebeneinander verwendet werden.

Druck: Firmengruppe APPL, aprinta Druck, Wemding

ISBN 978-3-06-083727-4 (Schülerbuch)
ISBN 978-3-06-083921-6 (E-Book)